Vögel

Cord Riechelmann

Vögel

Vom Singen, Balzen und Fliegen

Dudenverlag
Berlin

Inhalt

Dann überfielen Stare unvermutet den Baum … In einem einzigen Schwarm beschossen sie ihn, wie unzählige geflügelte Steine. Der ganze Baum summte von ihrem Schwirren, als zupfte jeder Vogel eine Saite. Ein Schwirren, ein Surren stieg aus dem vogelschwirrenden, vogelvibrierenden, vogelschwarzen Baum auf. Der Baum wurde eine Rhapsodie, eine flatternde Kakofonie, eine schwirrende und vibrierende Ekstase, in der Zweige, Blätter, Vögel dissonant Leben, Leben, Leben silbelten und zugleich ohne Maß, ohne Unterlass den Baum verschlangen. Dann hoch! Dann fort!

Virginia Woolf, *Zwischen den Akten*

Vögel senden andauernd in unsere Seh- und Hörhorizonte. Tauben nicken und gurren in jeder Stadt an jedem Platz, an dem man sie lässt. Bevorzugte Aktivitätszeiten scheinen sie dabei keine mehr zu haben, und das gilt nicht nur fürs Verbeugen, Gurren oder Essen. Bis zu acht Bruten hat man bei Stadttauben in einem Jahr gezählt. Zu allen Jahreszeiten, auch im verschneitesten Winter. Und in Frankfurt am Main am Albert-Mangelsdorff-Weiher sah man bereits in der zweiten Januarwoche ein Nilganspaar mit gerade geschlüpften, sehr flaumigen Gösseln.

Die Nilgänse Frankfurts halten sich offensichtlich an keine Jahreszeiten mehr, auch wenn sie immer noch vorrangig im Herbst und Winter auf den Dächern ihre Balz- und Paarungsschreie in den frühen Morgen und späten Nachmittag rufen. Stadttauben und Nilgänse – die einen domestiziert und in der Stadt verwildert, die anderen ursprünglich in ganz Afrika beheimatet und hierzulande aus Zoo- und Showzuchten ausgebrochen – haben allerdings keinen guten Ruf. Die Städte wollen sie wieder loswerden, werden es aber – und das ist die gute Nachricht – nicht schaffen. Sie werden sich mit zugewanderten Sittichen und Gänsen ebenso wie mit verwilderten Haustauben arrangieren müssen. Denn die vermeintlichen Exoten sind schon lange nicht mehr allein.

An jenem Januarmorgen am Albert-Mangelsdorff-Weiher – benannt nach dem Jazzmusiker und -komponisten Albert Mangelsdorff, der an diesem kleinen Stadtparksee nicht nur seine Ruhe fand, sondern als begeisterter Hobby-Ornithologe auch Anschauungs- und Hörmaterial für seine Kompositionen – hatten dort auch ein paar Amselhähne mit ihren ersten Singübungen begonnen. Das klang zwar noch recht schräg und äußerst ungenau in den Tönen und Pausen zwischen den Strophen, war aber sehr schön anzusehen, wenn die krächzenden Sänger, vom eigenen schiefen Gesang erschrocken, aus den Ästen über den Schnee ins Gebüsch hüpften, um dort leiser weiterzuüben.

Amseln haben im Spiel zwischen dem Ausdrucksverhalten der Vögel und den Wahrnehmungen der Menschen eine doppelte Vorreiterrolle. Sie sind schon ab der Mitte des 19. Jahrhunderts aus ihren ursprünglichen Biotopen in die Städte umgezogen. Und sie haben dabei auch ihre Gesänge den Hörgewohnheiten der Menschen angepasst. Ihre weitreichenden, harmonisch komponierten Strophen scheinen auch darauf zu schielen, ihre Duldung in der Menschenwelt zu erschleichen. Was ihnen gelungen ist, aber auch einen Trugschluss zur Folge haben kann. Denn die besonders in den Städten manifeste Nähe zwischen Vögeln und Menschen ist keine, die auf ein gegenseitiges Verständnis hindrängt. Es ist eher ein Nebeneinander von ähnlichen Ausdrucksvermögen, das die Unterscheidung von Natur und Kultur sinnlos werden lässt.

»Der Begriff eines Vogels liegt nicht in seiner Gattung oder seiner Art, sondern in der Zusammensetzung seiner Haltungen, seiner Farben und seines Gesangs«, schreiben die Philosophen Gilles Deleuze und Félix Guattari. Sie lesen das Ausdrucksverhalten der Vögel als ein »Opus mit eigener Ziffer«. Dichterinnen und Dichter wie Emily Dickinson und Wallace Stevens oder Komponisten wie Mangelsdorff und Olivier Messiaen hatten immer schon ein Gespür für den ganz eigenen Sinn der Vogelausdrücke und deren sich eben nicht im Funktionalen erschöpfenden Zweck. Die Biologie folgt ihnen da neuerdings. Der an der Duke University lehrende Biologe Stephen Nowicki, ein Meister in der Erforschung der Grundlagen und Mechanismen des Vogelgesangs, musste nach jahrelangen Freiland- wie Laborversuchen anerkennen, dass die Weibchen ihren Partner tatsächlich allein nach der Qualität des Gesangs wählen. Denn der gute Gesang verweist auf nichts anderes als auf die Virtuosität des Sängers. Rückschlüsse auf ein gutes Revier oder besondere Cleverness in anderen Bereichen lassen sich daraus nicht ableiten, nicht einmal auf Erfahrung und Alter.

Vögel unterscheiden sich von anderen Tieren darin, so Georg Friedrich Hegel, dass sie den Gesang haben und »dem Element der Luft angehören«. Mit ihrem Flug und ihrem Gesang haben sie den Menschen eine Sehnsucht eingeflüstert. Wenn in den hier versammelten Texten etwas von dieser ganz eigenen Ausdruckskraft der Vögel wach werden kann, haben sie ihr Ziel erreicht.

Albatros | *Diomedeidae*

Was es heißt, im Element der Luft, zwischen Wind und Schwerkraft sozusagen, zu leben, entzieht sich bis heute der menschlichen Vorstellungskraft. Es ist aber auf See in den windreichsten Gegenden der Erde, um Kap Horn zum Beispiel, kaum jemandem entgangen, dass es da zumindest eine Tierform gibt, die haushoch brechende Wellen und heftigste Sturmböen nicht als feindlich empfindet, sondern als ihr Element. Albatrosse verstehen es, selbst bei orkanartigen Windgeschwindigkeiten von über hundert Stundenkilometern im Flug so auszusehen, als ob sie den Sturm gar nicht bemerkten. Zu übersehen sind die Vögel bei ihren nur selten von einem Flügelschlag unterbrochenen Segelbewegungen dabei nicht. Mit den längsten Flügeln im Tierreich ausgestattet, erreichen die größten unter ihnen, die Wander- und Königsalbatrosse, eine Spannbreite von 3,30 Meter. Wer aber so gut und ohne jedes Gebrechen unter den windigsten Verhältnissen fliegen, segeln und gleiten kann, wird an anderer Stelle auch eine Schwäche haben. Und Albatrosse haben sie auf festem Boden, wenn sie zu landen versuchen. Die Filmbilder sind wahrscheinlich nicht mehr zu zählen, die die Vögel zeigen, wie sie vor der Landung ihre Füße ausfahren, schon in der Luft zu strampeln beginnen, um dann aber registrieren zu müssen, dass ihre Fluggeschwindigkeit höher ist als ihr Laufvermögen. Das Ergebnis ist dann oft, dass die Vögel mit der Bodenberührung vornüberkippen und ein paar Meter die Landebahn entlangrutschen. In der Regel erholen sie sich von dem Schwindel der Landung aber relativ schnell und finden die Orientierung zurück.

Dichter wie Samuel Taylor Coleridge und Charles Baudelaire haben diesen Widerspruch zwischen souveräner Luftnutzung und tölpelhaftem Landgang auf ähnliche Weise inszeniert, aber ganz unterschiedlich interpretiert. Coleridge verdammt in seiner Ballade *Der alte Seefahrer* den Seemann, der einen Albatros tötete. Er habe damit ein Verbrechen wider die Natur begangen, das sich gegen Vögel wendete, die mit ihrem Erscheinen Menschen vor großen Gefahren – wie den Stürmen vor Kap Horn – warnen konnten. Baudelaire hingegen betrachtet in seinem Gedicht *Der Albatros* das schändliche Treiben von Seeleuten gegenüber an Land unbeholfenen Albatrossen mit einer durchschlagenden Melancholie. Einer Melancholie, die einem auch deshalb zeitgemäßer als Coleridges Kampfgeist erscheinen kann, weil es heute keiner unvermittelten Lust an der Schadenfreude mehr bedarf, um Albatrosse zu quälen. Nicht umsonst ist ein Foto von einem halbverwesten Albatroskadaver ikonisch für den Zustand der Meere geworden. Auf dem Bild ist zu sehen, wie die Verwesung den Magen- und Darminhalt des Vogels aus Zivilisationsmüll freigelegt hat, mitsamt einem Plastikfeuerzeug, das den Verdauungstrakt des Vogels verstopfte und ihn verhungern ließ.

Es ist aber nicht nur der Plastikmüll in den Meeren, der den Vögeln zusetzt. Als Beifang in den riesigen Netzen der Fischfangflotten tauchen sie regelmäßig auf, und der Klimawandel lässt sie auch nach kilometerlangen Nahrungssuchflügen nicht mehr die Fische finden, mit denen sie ihren Nachwuchs fett füttern können. Berichten zufolge haben die Populationen von drei der zwölf Albatrosarten in den letzten vierzig Jahren Rückgänge um vierzig bis sechzig Prozent zu verzeichnen.

Auch wer die längste Zeit seines Lebens, sogar im Schlaf, fliegend in der Luft verbringt, muss mal Boden unter den Füßen haben, und sei's nur, um sich einen guten Startplatz zu suchen.

Wobei die Nachwuchsrate der Albatrosse ohnehin sehr gering ist. Albatrosse können zwar sehr alt werden – Wissenschaftler halten hundert Jahre für eine realistische Lebenserwartung –, sie pflanzen sich aber nur langsam fort. Wenn sich ein Paar gefunden hat, bleibt es am liebsten für immer zusammen; es zieht aber pro Brutzyklus nur ein Küken groß. Dieses Küken füttern die Elternvögel über ein Jahr lang, und das so gut, dass das Junge am Ende des Jahres drei Kilo schwerer ist als sie selbst. Danach machen sie erst mal eine Pause, sodass sie höchstens alle zwei Jahre ein Junges großziehen. Und wenn einer der Partner stirbt, brauchen Albatrosse sehr lange, bis sie einen neuen gefunden haben. Bis zu vier Brutperioden lassen sie verstreichen, bis sie sich wieder verpaaren. Verständlich ist das, denn Albatrosse setzen in diesen Jahren keinen Fuß auf festen Boden, sondern verbringen segelnd und seltener schwimmend die ganze Zeit auf und über dem Meer. Dabei segeln und jagen sie nicht nur im Flug, sie schlafen auch fliegend, und wenn ein Albatros 55 Jahre alt geworden ist, ist er mindestens sechs Millionen Kilometer um die südlichen Polarzonen geflogen. Mehr Luftwesen kann man nicht mal als Mauersegler sein.

Alpenkrähe | *Pyrrhocorax pyrrhocorax*

Als Anfang der 1920er-Jahre eine Alpenkrähe eine Expedition am Mount Everest bis in die Höhe von 7950 Metern über dem Meeresspiegel begleitete, wird sie schon gewusst haben, dass die kurz vor dem Gipfel sich nur langsam bewegenden Männer manchmal etwas fallen lassen. Alpenkrähen begleiteten, wie Francis Younghusband in seinem 1926 erschienenen Buch *The Epic of Mount Everest* berichtet, Himalaya-Klettergruppen seit Beginn der Zwanzigerjahre. Neben Schwarzmilanen, Lämmergeiern und Alpendohlen gehörten sie zu den täglichen Besuchern der eingerichteten Ruhecamps. Man vermutete, dass sie den Menschen und ihrer Nahrung selbst auf den Gipfel des Everest folgen würden, wenn es gelänge, dort eine ständige Station zu errichten.

Auch wenn die Gipfelstation auf dem Everest bis heute nicht existiert, hat es den Berg nicht davor bewahrt, in seinen höchsten Höhen zur Müllkippe wohlhabender Westler im Höhenrausch zu werden. Der Kommerz um die Besteigung lässt mittlerweile selbst einen ihrer Helden, Reinhold Messner, zum mahnenden Umweltschützer einer Gegend werden, die für Menschen denkbar ungeeignet ist. Die Wahrscheinlichkeit, dass man dort auf Geier und Krähen trifft, hat aber nicht nur der Müll erhöht. Krähen wie Geier haben eine extrem genaue Wahrnehmung für abweichende, in Richtung eines baldigen Todes zeigende Körperbewegungen anderer Lebewesen, und die werden sie in der Klettersaison besonders um den Everestgipfel herum hinreichend finden.

So weit war es zu Younghusbands Zeiten aber noch nicht. Denn obwohl seine Everestgipfelträume scheiterten, blieb seine menschliche Hybris unangetastet. »Der Mensch war aus eigener Kraft in eine Höhe von 27.000 Fuß über dem Meeresspiegel geklettert«, schrieb er. »Hat irgendein anderes Lebewesen dergleichen vollbracht? Hat irgendein anderes Tier oder irgendein Insekt oder selbst irgendein Vogel diese erstaunliche Höhe erreicht? Es darf bezweifelt werden.«

Heute, da man weiß, dass ziehende Gänse und Enten den Himalaya in Jethöhe fröhlich schnatternd überfliegen, kann man Younghusband mit seinem Zweifel zu den Akten legen, muss aber weiterhin mit der Hybris menschlicher Überlegenheit gegenüber Land und Tieren leben. Alpenkrähen jedenfalls sind in Asien regelmäßig auf Nahrungssuche bis in eine Höhe von 6000 Metern. Ihre Nester legen sie allerdings in tieferen Lagen an. In geräumigen Höhlungen in Felswänden, Steinbrüchen oder an Burgen und Ruinen, zehn bis sechzig Meter über dem Wandfuß und so für Bodenfeinde unerreichbar, bauen sie aus Zweigen ein rundes Nest, dessen Mulde sie dick mit Gras und Haaren polstern. Wichtig ist, dass in der Höhle Temperatur und Luftfeuchtigkeit ziemlich unabhängig von der Außentemperatur konstant gehalten werden können.

Ob eine Felsspalte diesen Anforderungen genügt, vermögen nur die Weibchen zu beurteilen, die allein die bis zu sechs Eier bebrüten. Während der Brut wird das Weibchen vom Männchen gefüttert, ein Verhalten, das Alpenkrähen das ganze Jahr über zeigen. Besonders in der Phase einer sich anbahnenden Partnerschaft kann das zu Angriffen anderer Krähen führen. Wenn sich das Männchen hüpfend auf das Weibchen zubewegt, sich mit gesenktem Schnabel verbeugt, in ihrem Nackengefieder mit der Schnabelspitze zart nestelt und schließlich Futter hoch- und auswürgt, werden die

Alpenkrähen gehen oft lang anhaltende Paarbindungen ein, in denen nie genau gesagt werden kann, wer gerade das Sagen hat – und das nicht nur, weil sich für Menschen die Geschlechter so schlecht unterscheiden lassen.

Balzenden häufig aggressiv unterbrochen. Wahrscheinlich werden die schreienden Eingriffe anderer Vögel von der nervösen Unsicherheit der Umworbenen ausgelöst. Denn wenn das Weibchen den Futterbrocken verschlungen hat, enden die Interventionen. Alpenkrähen bleiben danach lebenslang zusammen und finden nach dem Tod eines Partners nur schwer einen neuen.

Treu sind sie auch gegenüber Menschen. Die Ethnologin Ellen Thaler konnte erleben, dass von ihr mit der Hand aufgezogene Krähen sie noch nach neun Monaten Abwesenheit wiedererkannten und sie freundlich begrüßten. Nachtragend sind die Krähen demnach offenbar nicht. Überhaupt erscheint ihr Sozialverhalten im Vergleich zu anderen Rabenvögeln schlicht, was sie manchmal selbst verwirren kann. Die etwas kleinere, im Flug an Flügel- und Schwanzform gut von der Alpenkrähe zu unterscheidende Alpendohle hat ein reicheres Ausdrucksrepertoire, schon wegen der Gruppenbalz der Männchen. Wobei die Balz der Dohlen in Gruppen von zwei bis zu zwanzig Vögeln erfolgt. Meist fordert ein Vogel durch einen hellen »Ziupp«- oder »Zia«-Ruf einen anderen zur Balz auf. Antwortet ein anderer Dohlenmann, kann sich, nach einem kurzen Zögern, ein Dritter in den Balztakt einschalten, und dann beginnt ein Spiel, das wie eine Inszenierung wirkt, in der Verfolgung und Tanz ineinander übergehen. Dabei werfen die Vögel den Kopf zurück, bis der Schnabel senkrecht in der Luft steht, verfallen in Würgebewegungen und hüpfen steifbeinig umeinander. Die Flügel lassen sie während dieser Bewegungen ausgebreitet hängen und laufen mit gesträubten Halsfedern und am Boden schleifendem gefächertem Schwanz vorwärts. Irgendwann wechseln sie dann den Ort, fliegen auf einen Zaun, Baum oder ein Dach. Und auch wenn die Gruppenbalz durchzogen ist von schnarrenden Warnrufen und anderen Drohgebärden, geht sie nie in einen wirklichen Kampf oder auch nur Streit über. Es sieht aus wie übermütiges Spiel, ohne erkennbares Ziel. Irgendwann bricht es einfach ab, und die Vögel gehen wieder auseinander. In »Mischehen« beider Arten fand man ein Phänomen, das die Alpenkrähen alt aussehen ließ. Die Paare formten aus ihren Artsprachen ein für andere unverständliches Gemisch, einen synchronisierenden Duettgesang. Sie wurden »zweisprachig«. Die Mischlinge waren in der Lage, die Signale von Krähen und Dohlen zu produzieren und wohl auch zu verstehen. Anders ist es kaum zu erklären, dass sie Krähen mit deren Lockruf an futterlose Stellen lockten, um sogleich zum Ort zu fliegen, an dem es tatsächlich Nahrung gab, und von dort mitzuteilen, dass die anderen wegbleiben sollen. Ob es sich dabei aber um ein beabsichtigtes Täuschungsmanöver handelt, wie es für Schimpansen beschrieben worden ist, ist noch nicht klar, denn viele Vögel, besonders Jungvögel, setzen zum Beispiel Alarmrufe falsch ein. Solche Vögel äußern etwa den Warnruf für Bodenfeinde, obwohl sich gerade ein fliegender Greifvögel nähert. Vertreiben sie damit andere Vögel, ist das eher Zufall als bewusster Betrug. Und selbst wenn die Täuschung einsichtigem Verhalten entspringt, sind ihr doch Grenzen gesetzt. Sie funktioniert meist nur für kurze Zeit. Nach ein paar Wiederholungen identifizieren die anderen den Rufer als unzuverlässig. Und im Laufe der Zeit lernen die jungen Vögel die Rufe richtig einzusetzen. Es ist ein dem menschlichen Sprachlernen vergleichbarer Vorgang, in dem der »richtige«, das heißt der sozialverträgliche, verständliche Gebrauch der Wörter ja auch erst erlernt werden muss.

Amsel | *Turdus merula*

Wallace Stevens war auf der Höhe seiner Inspiration und Wortkraft, als er dichtete: »Ich weiß nicht, was vorzuziehen ist:/Die Schönheit von Modulationen/Oder die Schönheit von Anspielungen,/Die Amsel beim Flöten/Oder gleich danach.« Stevens fasst mit diesen Zeilen aus seinem Gedicht *Dreizehn Anschauungen einer Amsel* die ganze Verwunderung eines rhythmisch und taktisch geschulten Ohres zusammen, die einen beim Hören einer singenden Amsel überfallen kann. Das geht von dem zugewandten Eindruck »Die singt aber schön!« bis zu den immer wieder auffallenden Tonfolgen, von denen man meint, sie von woandersher zu kennen. Womit man in der Regel auch recht hat, denn Amseln sind Meister der tonalen Anspielungen, wie sie auch ein gutes Gefühl dafür haben, was Menschen als melodisch empfinden. Und doch bleibt immer ein Rest des Unidentifizierbaren in ihrem Gesang, dem Stevens so schönen Ausdruck verliehen hat und das nicht nur in der hier zitierten *V. Anschauung einer Amsel*. Es ist nämlich schlicht so, dass das menschliche Ohr zu einer Identifizierung aller Modulationen und Anspielungen im Amselgesang nicht mal bedingt taugt. Und darum scheinen die Vögel in der Stadt zu wissen, und die Amsel geht in gewisser Weise auf die Hörgewohnheiten von Menschen ein. Zu Hilfe kommt den Amseln dabei, dass die Ernährungslage in den Städten für sie schon seit Längerem sehr günstig ist. Schon ab vier Uhr morgens kann man bereits im Februar und März überall die Motive ihrer weitreichenden Reviergesänge hören. Und nur wer mehr als genug zu fressen hat, kann die melodischen Strophen derart ausdauernd aneinanderreihen, dass sie jeden Morgen und Abend – in Einzelfällen auch den ganzen Tag über – flächendeckend die Präsenz des jeweiligen Sängers in seinem Territorium anzeigen. Denn Singen kostet Kraft und erhöht zudem die Gefahr, von Fressfeinden entdeckt zu werden.

Amselhähne verfolgen die Gesänge ihrer benachbarten Rivalen sehr genau. Wenn man zwei in unmittelbarer Nachbarschaft singenden Hähnen länger zuhört, kann man mit ziemlicher Sicherheit ein Phänomen beobachten, das zwar auch bei anderen Vögeln vorkommt, bei Amseln aber zuerst beschrieben wurde: Ein Motiv oder auch eine ganze Strophe wechselt von einem Sänger zum Nachbarn. Das heißt, einer kontert den Gesang des anderen mit derselben Tonfolge. Das tun sie in unregelmäßigen Abständen und mit gesteigerter Rivalität immer häufiger. Wo besonders viele Amseln sehr dicht nebeneinander singen, kann man dabei frühmorgens hören, wie eine Strophe eine ganze Straße »hochwandert« und wieder zurück gesungen wird, von ungefähr zehn verschiedenen Hähnen. Mit dem Kontergesang konkurrieren sie aber nicht nur, sie zeigen damit auch, dass sie sich kennen und aus derselben Gegend stammen.

Amseln bleiben das ganze Jahr über in der Stadt und begegnen sich in Parks, auf Friedhöfen und Grünstreifen ständig. Dabei umkreisen sie sich häufig, verfolgen einander und fallen auch manchmal übereinander her. Die Heftigkeit der Streitereien variiert stark mit der Jahreszeit, ähnlich wie die Lautstärke ihrer Gesänge. Dass sie im Frühjahr besonders laut von exponierten Balkonen, Dachrinnen oder Baumgipfeln singen, hängt mit den länger werdenden Tagen, der zunehmenden Kraft der Sonne und der beginnenden Partnersuche zusammen.

Ihre Lieder werden aber mit der Zeit nicht nur lauter, sondern auch besser. Die Pausen werden exakter gesetzt, die Motive abgestimmter und die Melodien variantenreicher. Was besonders in Städten einen Einblick in ihre Vorbilder gestattet. Die Vögel lernen ihre Töne nämlich nicht nur von ihren am Nest singenden Eltern. Sie übernehmen auch menschliche Pfiffe, Handy-Erkennungsmelodien, Verkehrslärm oder Sirenentöne. Und bauen sie stets so in ihre Strophen ein, dass der Menschenohren gefällige Klang des Gesangs erhalten bleibt.

Der heute fast vergessene Komponist Heinz Tiessen kam denn auch nach dem Studium des Amselgesangs zu dem Schluss, dass die Vögel ihre Vorträge »komponieren«. Tiessen sammelte Vogelgesänge und zeichnete das Gehörte in Notenschrift auf. Und schon im Titel seiner 1953 erschienenen Abhandlung *Musik der Natur. Über den Gesang der Vögel, insbesondere über Tonsprache und Form des Amselgesanges* scheinen implizit die Schwierigkeiten auf, die die Übertragung von Vogelgesängen in menschliche Sprache bereiten. Tiessen konzentrierte sich vernünftigerweise auf die Amsel. Denn über ihre Häufigkeit hinaus bietet ihr Gesang tatsächlich einige Vorteile für die Analyse ihres Tuns. Amseln singen strophig. Das heißt, zusammenhängende Gesangsstücke von zwei bis fünf Sekunden Dauer werden von ebenso langen Pausen unterbrochen, bevor die nächste Strophe gesungen wird. Formal kann man die Strophen mit den Sätzen der menschlichen Sprache vergleichen. Amselhähne haben bei erheblichen individuellen Schwankungen im Schnitt etwa dreißig verschiedene Strophentypen in ihrem Repertoire, die sie in verschiedenen Folgen aneinanderreihen. Und mit der Analyse der Frequenzspektrogramme der Strophen, ih-

Turdus merula.

Pub. by G. Graves. Dec. 1. 1821.

Amselhähne sitzen gern deutlich sichtbar an herausgehobenen Warten und singen.

rer Anordnung und ihrer Reaktionen auf benachbarte Sänger fand man tatsächlich syntaktische Ähnlichkeiten zum menschlichen Sprachaufbau.

Aber man fand noch etwa anderes. Für Menschen tonal klingende Motive im Gesang der Vögel wiesen bei genauen Analysen erhebliche Frequenzmodulationen auf, die Menschen entweder nicht wahrnehmen können oder wollen, indem sie sie hörend harmonisch zurechtbiegen. Wenn Tiessen also folgert, die Amsel sei, mit den menschlichen Maßstäben von Melodik, Harmonik und Rhythmik gemessen, der musikalisch höchststehende Singvogel Mitteleuropas, könnte das einen doppelten Grund haben. Einmal können dafür die menschlichen Hörgewohnheiten verantwortlich sein, zum zweiten könnte sich die Amsel die Harmonik der Klänge auch abgeschaut haben.

Einige Ornithologen fragen sich deshalb, ob der tonale Aufbau der Strophen nicht im Kern »menschlichen Ursprungs« ist und eine Folge der Landflucht. Amseln stammen ursprünglich aus den dunkelsten Biotopen feuchter, unterholzreicher Wälder und begannen erst Ende des 18. Jahrhunderts, die Städte zu erkunden. Am Anfang flogen sie nur durch, dann blieben einige als Wintergäste hängen und verweilten auch über den Sommer. Sie wurden überall, wo sie einmal brüteten, innerhalb weniger Generationen Standvögel und vermehrten sich außergewöhnlich stark. Bald wurden sie als »dreister Gartenvogel« beschrieben.

Es ist heute nur noch schwer festzustellen, wie die Entwicklung zu Harmonie und eingebautem Handyklingeln im Gesang sich vollzog. Die meisten Amseln haben die schwarzen Wälder, in denen sie so gut getarnt waren, verlassen und sind auf die Ampelmasten, Dachfirste und Fersehantennen der

Städte gezogen. Der Schriftsteller und Journalist Dietmar Dath muss etwas von dieser Unerklärlichkeit geahnt haben, als er einer seiner schönen Geschichten den Titel *Dreizehn Möglichkeiten, eine Amsel zu ignorieren* gab. Wer aber der Amsel nicht ausweichen will, kann heute in der Stadt spazieren gehen und dabei viel darüber erfahren, wie die schwarzen Sänger miteinander singen. Was sie sich aber mitteilen, bleibt bis auf Weiteres im Dunkeln. Das Buchstäbliche des Gesangs, also das, was sie sich da andauernd erzählen, ist noch unerklärt.

Und die Verwirrung wird in jedem Frühjahr zunehmen. Mit den Zugvögeln kommen ab Mitte April Nachtigallen ins Land. Tiessen muss dann in seiner merkwürdigen Hierarchisierung des »höchststehenden Singvogels« korrigiert werden. Nachtigallen können in manchen Fällen auf ein Repertoire von zweihundert Strophen zurückgreifen und komponieren nicht weniger rhythmisch begabt als Amseln. Wozu sie allerdings so viele Sätze brauchen, wo doch Buchfinken zum Beispiel mit fünf Strophen auskommen und auch nicht weniger Weibchen anlocken und Junge großziehen, weiß man nicht. Jedenfalls lassen sich die fünf, dreißig oder zweihundert Strophen nur schwer – oder gar nicht – ins menschliche Alphabet übersetzen.

Der Ton macht zwar die Musik, aber nicht den Text. Den müssen Dichter wie Wallace Stevens den Vögeln nachdichten. Denn wie es in seiner *XII. Anschauung einer Amsel* heißt: »Der Fluss ist in Bewegung. / Die Amsel ist wohl am Fliegen.«

Der frühe Vogel fängt den Wurm

Frühmorgens ist, das wissen Frühaufsteher, zumindest im Frühjahr die Zeit der singenden Vögel. Und wer singt, muss genug zu fressen haben, denn Singen kostet Kraft. Frühmorgens wie spätabends ist die Zeit der Regenwürmer. Regenwürmer sind fast allen Vögeln, selbst manchem Körnerfresser, ein leckerer Fraß. Wer mal gesehen hat, wie eine Amsel, mit aller Kraft sich biegend, versucht, einen Regenwurm aus der Erde zu zerren, weiß aber auch, dass die Würmer sich wehren können. Regenwürmer können sich dem Schnabelgriff widersetzen, indem sie sich versteifen und mit den wenigen Borsten, die sie haben, in die Erde haken, müssen dabei aber oft ihr Körperende abgeben. Was allerdings nicht so schlimm ist, als wenn sie den Kopf verlieren würden. Ihr Regenerationsvermögen ermöglicht es ihnen, das Hinterteil nachzubilden. In nicht wenigen Fällen regenerieren sie dann sogar zwei Hinterenden.

Der frühe Vogel, der dem Wurm so morgens sein Hinterteil geraubt hat, bezieht sich aber nicht nur auf die Tageszeit, sondern auch auf die Jahreszeit. Regenwürmer verbringen den Winter tief in der Erde, bei manchen Arten können die Gänge bis zu acht Meter tief sein. Erst die Frühlingswärme weckt sie auf und treibt sie an die Oberfläche. Dort oben verrichten sie dann eine Arbeit, die als nützlich zu bezeichnen untertrieben wäre. Sie leben in zweierlei Gangsystemen. Das eine durchzieht die oberflächennahe Erdschicht in alle Richtungen, das andere dringt senkrecht nach unten in die Erde ein. In der Tiefe aufgenommene Erdpartikel werden vom Regenwurmmagen so zerkleinert, dass sie, oben abgegeben, die Wasserhaltung des Bodens verbessern und zugleich seine Minerallöslichkeit steigern. Mit der durch die vertikalen Gänge gelockerten Struktur der Erde, die die Durchlüftung sichert, wird so ein Milieu des Stoffaustauschs geschaffen, der die Fruchtbarkeit steigert. Das Ergebnis nennt man Humus. Und wenn die Würmer dann, um ein Blatt zu holen, ihre Gänge verlassen, wartet nicht nur der frühe Vogel oben, sondern auch allerlei anderes Getier: Igel, Spitzmäuse, Füchse, Kröten oder Salamander. Das Sprichwort vom frühen Vogel, der den Wurm fängt, stimmt also, ist nur leider etwas einseitig; der frühe Igel und die frühe Spitzmaus tun dies ebenso.

Eisvogel | *Alcedo atthis*

Der oft als dunkel und schwer verständlich angesehene Dichter Paul Celan hatte sehr viele extrem klare Momente in seiner Sprache. »Stimmen, ins Grün / der Wasseroberfläche geritzt. / Wenn der Eisvogel taucht, / sirrt die Sekunde:«, heißt es in den ersten Versen von Celans 1959 erschienenem Gedichtband *Sprachgitter*, und das ist eine ziemlich genaue Wortfassung dessen, was geschieht. Denn wenn ein Eisvogel einen Fisch im Wasser erblickt und zum Fangstoß ansetzt, dauert es vom Eintauchen bis zum Ergreifen der Beute meist weniger als eine Sekunde. Da sirrt dann tatsächlich die Sekunde, wenn man das kaum hörbare, sachte Geräusch des Eintauchens wie das des Wiederauftauchens dazunimmt. In der Regel haben sich die Eisvögel bereits unter Wasser, nachdem sie den Fisch mit dem Schnabel gepackt haben, so ausgerichtet, dass sie – wie in einer Bewegung – mit dem Auftauchen gleich fliegend durchstarten können.

Nur selten bleiben die Vögel nach dem Auftauchen kurz mit ausgebreiteten Flügeln auf der Wasserobfläche liegen, um sich zu schütteln. Der Flug im Allgemeinen erfolgt gradlinig und mit schnellen Flügelschlägen, so dicht über dem Wasser, dass das Bild von den Stimmen, die in die Wasseroberfläche geritzt werden, sehr nah am Geschehen liegt – wenn man Ohren für die dabei geäußerten scharf und fast zweisilbig gedehnten »Tjii«-Erregungsrufe der Vögel hat.

Es ist nur so, dass die Ohren in der Regel nicht der geschärfte Sinn sind, wenn man Eisvögel sieht. Fliegen sie etwa an einem Bach oder Stadtteich von ihrer Sitzwarte auf und über das Wasser weg, wenn man ihnen zu nahe gekommen ist, dann blitzt einen bei Sonnenschein ein tief türkis- oder kobaltblauer Streifen an, der den Vogel vom Nacken bis zum Schwanz glänzen lässt. Die Farben des Eisvogels überblenden seine Lautäußerungen buchstäblich. Wohl jedem, der einen Eisvogel beschreiben soll, fallen sofort der blaue Rücken, die orangebraune Unterseite und die stark kontrastierenden und scharf angesetzten weißen Halsseitenflecken ein. Kaum jemandem aber die durchdringend gepfiffenen »Tiht-tiht«-Kontaktlaute.

Im Großen und Ganzen ist das auch völlig vernünftig, denn bunte Vögel haben in der Regel ein weniger ausgeprägtes Lautrepertoire als eintönig gefärbte wie die Nachtigall oder die Amsel. Das heißt aber nicht unbedingt, dass bunte Vögel ihre Kommunikation in der Hauptsache über Farbenspiele regeln. Bei den heimischen Eisvögeln konnte man zum Beispiel sieben verschiedene Rufe beschreiben, die die Vögel auch rhythmisch und melodisch im Kontext variieren können. Was aber nichts daran ändert, dass der europäische Eisvogel, englisch als *common kingfisher* und wissenschaftlich als *Alcedo atthis* bezeichnet, zu den stilleren Vertretern der Familie der Eisvögel, der *Alcedinidae*, gehört.

Nicht unproblematisch ist allerdings, dass unser Eisvogel, weil er neben dem afrikanischen Graufischer *(Ceryle rudis)* der bekannteste und bestuntersuchte der Familie ist, das Bild der ganzen Gruppe sozusagen überprägt. Die Familie der Eisvögel umfasst 92 Arten, von denen nur ein Drittel die klassische Lebensweise des hiesigen Eisvogels zeigt. Zwei Drittel der Eisvogelarten leben hauptsächlich abseits der Gewässer. Wobei der in Färbung und Größe unserem Eisvogel ähnliche afrikanische Braunkopf-Zwergfischer *(Ceyx lecontei)* so etwas wie das klassische Beispiel der anderen Eisvogellebensweise ist. Der Zwergfischer lebt im tropischen Regenwald und ernährt sich hauptsächlich von Insekten, was auf die ganze Gruppe ausgedehnt das typischere Eisvogelverhalten ist. Es gibt neben Waldbewohnern aber auch typische Savannen- und Gartenbewohner wie die australischen Kookaburra, die im schlangenreichen Australien auch deshalb so beliebt sind, weil sie sich von Schlangen ernähren.

Nichtsdestotrotz lassen sich am Gemeinen Eisvogel auch einige die Familie kennzeichnende Merkmale beschreiben. Da ist zum einen die merkwürdige Mischung aus Scheuheit und Anpassungsfähigkeit, die die Eisvögel kennzeichnet. Zu nah kann man den meisten Eisvögeln nicht kommen, weil sie wegfliegen, wenn man sich ihnen nähert. Und trotz des bunten Gefieders bevorzugen sie in der Regel eine versteckte Lebensweise, für die sie in Wäldern durch die bunte Fär- bung auch prädestiniert sind, mit der sie in den Licht- und Schattenspielen ähnlich gut in der Umgebung verschwinden können wie Pfauen- und Fasanenhähne.

Die Scheuheit der Eisvögel im direkten Kontakt mit Men- schen muss sich aber nicht auf ihre Lebensraumwahl bezie- hen. So haben europäische Eisvögel schon früh Städte als Le- bensräume entdeckt und nicht nur in Stadtteichen, sondern auch in Zierfischgartentümpeln Nahrungsgründe gefunden. Auch das weite Verbreitungsgebiet der Eisvögel von Europa über Sachalin bis nach Japan spricht für die geringe Scheu der Vögel bei der Suche nach neuen Lebensmöglichkeiten. Wäh- rend manche Populationen wie etwa die skandinavischen im Herbst weite Strecken zurücklegen, um der Winterkälte zu entkommen, sind die Vögel Mitteleuropas Standvögel. Was den Vorteil hat, dass die territorialen Vögel ihr Gebiet nicht jedes Frühjahr neu besetzen und sichern müssen.

Londen. Published Feb.4.1791 by J. J. Nodder & Co. N.15 Brewer Street.

Wahrscheinlich der häufigste Blickwinkel eines ansitzenden Eisvogels:
Wann blinkt der Fisch im Wasser im richtigen Greifwinkel?

Nachteilig wirkten sich allerdings immer wieder extrem kalte Winter auf die Populationen aus. In solchen Wintern erfrieren manchmal bis zu achtzig Prozent der Eisvögel, und es kann fünf bis sieben Jahre dauern, bis sich die Bestände wieder erholt haben. Dass die Zahl der Eisvögel in den letzten Jahren relativ stabil geblieben ist, hängt auch damit zusammen, dass sie die im Verhältnis zum Umland wärmeren Städte als Lebensraum entdeckt haben. Prinzipiell aber gilt, dass ihnen die anhaltende Verschmutzung von Gewässern und der Umwelt im Ganzen genauso zusetzt wie allen anderen Lebewesen auch. Dem allgemeinen Trend zum Rückgang von Vögeln, Insekten und sellbst Säugetieren können sich auch Eisvögel nicht widersetzen.

Als Brutplatz bevorzugen Eisvögel langsam fließende oder stehende Gewässer mit guten Sichtverhältnissen und einem reichen Angebot an Kleinfischen und an Insekten, kleinen Fröschen und Kaulquappen im Sommer. Zudem sollte es ausreichend Plätze geben, von denen sie die Gewässer sitzend nach potenzieller Nahrung absuchen können. Mit Vorliebe sind das Äste; man findet sie aber auch auf Bootshäusern, Steganlagen oder Stromleitungen. Was sie aber unbedingt benötigen, sind überhängende oder senkrechte Abbruchkanten etwa an Ufern, in die sie ihre Nisthöhlen graben können. Die abgebrochenen Ufer, die mindestens fünfzig Zentimeter hoch sein müssen, sind denn auch einer der limitierenden Faktoren der Eisvögel.

Der andere liegt in ihrem Territorialverhalten. Prinzipiell sind die europäischen Eisvögel Einzelgänger; Weibchen und Männchen leben in getrennten Territorien. Treffen müssen sie sich zur Fortpflanzung natürlich, und das ist nicht einfach. In milden Wintern versuchen sich die Vögel bereits im Januar zu Paaren zusammenzuschließen, sonst ab März bis Mai. Während des Partnerfindungsprozesses kommt es zuerst zu sogenannten Flugjagden, bei denen das Männchen dem Weibchen hinterherfliegt und es scheinbar zu attackieren sucht. Die Flüge werden immer wieder von Sitzaufenthalten auf Ästen unterbrochen, bei denen das Männchen manchmal fast elend klingende »Tji«-Lockrufe ausstößt, bis es die Flugjagd wieder aufnimmt. In einer späteren Phase dieses zäh wirkenden Rituals sitzt das Männchen auf einer Warte vor der potenziellen Brutwand und beginnt mit dem Graben der Bruthöhle. Schaut ein Weibchen zu, gräbt es noch einen Tick ostentativer, wirft Erde in die Luft und fliegt immer wieder in die Höhle hinein und wieder heraus.

Wenn sich dann zwei füreinander entschieden haben, graben sie eine kurze Zeit zu zweit, bis das Weibchen beginnt, den Innenausbau der Höhle zu übernehmen. In dieser Zeit wird es vom männlichen Vogel gefüttert, indem der ihr einen toten Fisch bringt. Im Verlauf dieser Fütterungen kann es passieren, dass die Weibchen exakt wie Jungvögel betteln, mit leicht schlagenden Flügeln und den entsprechenden Bettellauten.

Während der dreiwöchigen Brutphase wechseln sich Männchen und Weibchen zumindest bei der Erstbrut regelmäßig ab. Eisvögel brüten in der Regel zweimal im Jahr, gar nicht so selten aber auch drei-, in Ausnahmefällen sogar vier- oder fünfmal. Bei sechs oder sieben Eiern pro Brut, aus denen dann im Schnitt fünf flügge gewordene Jungvögel hervorgehen, ist das ein unter Vögeln außergewöhnlich hoher Bruterfolg. Der auch dadurch ermöglicht wird, dass die so schwer zusammengekommenen Einzelgänger herausragend kooperieren, wenn es um die Brut geht. Da die Paare beziehungsweise die Männchen meist mehrere Bruthöhlen haben, kann es auch zu sogenannten Schachtelbruten kommen. Während das Männchen noch die Jungen aus der ersten Brut füttert, legt das Weibchen bereits die zweite an und brütet sie allein aus. Wegen dieser Arbeitsteilung ist es auch möglich, dass ein Männchen zwei Weibchen hat.

Auf Treue im engen Sinn kommt es bei Eisvögeln aber sowieso nicht an. Partnerwechsel zwischen der Erst- und Zweitbrut kommen genauso selbstverständlich vor, wie auch Männchen mit den Jungen alleingelassen werden. Eine Voraussetzung für die reibungslose Aufzucht der zahlreichen Jungen ist allerdings das Vorderhandensein von klaren Gewässern. Dort kommen geübte Eisvögel bei ihren Sturzflügen nach Elritzen, Stichlingen oder Barschen zu einer Erfolgsquote von hundert Prozent – was selbst von im Wasser wartenden Reihern niemals erreicht wird.

Dabei ist der Weg zur Beute alles andere als einfach. Junge Eisvögel müssen, wenn sie einen Fisch erblickt haben, lernen, ihn unter Berücksichtigung der Beugung des Lichts beim Durchgang durch die Wasseroberfläche anzupeilen. Hinzu kommt, dass sie die Eigenarten der jeweiligen Fische berücksichtigen müssen. Ebenso müssen sie lernen, wie man die Fische richtig mit dem Schnabel packt, am Kopf nämlich, und wie man sie durch Schlagen auf einen festen Untergrund tötet. Wenn das aber alles beherrscht wird, gibt es für Fische kaum eine Möglichkeit, Eisvögeln zu entkommen.

Fettschwalm | *Steatornis caripensis*

Die ersten Eindrücke, die Alexander von Humboldt im September 1799 vom Fettschwalm sammelte, stammten aus der Küche des Klosters von Caripe, einer Stadt in Venezuela. In der Küche des Klosters kam kein anderes Öl zum Einsatz als das der Guácharos, wie die bis dahin nur in Süd- und Mittelamerika bekannten Vögel hießen. Ihren deutschen Namen Fettschwalm und ihre wissenschaftliche Bezeichnung, die vollständig *Steatornis caripensis Humboldt 1817* lautet, sollte Humboldt den Vögeln erst ein paar Jahre nach ihrer Begegnung geben.

Wobei die Beschreibung, die Humboldt vom Fettschwalm oder Guácharo gab, legendär und stilbildend geworden ist. »Der *Guácharo* hat die Größe unserer Hühner, den Rachen der Nachtschwalbe (des Ziegenmelkers), den Wuchs der Geier, deren krummer Schnabel von steifen Seidepinseln umgeben ist«, schrieb er im ersten Satz seines Essays *Nachtvögel*. Humboldt hatte das Neue, den Fettschwalm, den Europäern und allen Ornithologen der damaligen Welt beschrieben, indem er eine Mischung aus bekannten Bildern aufrief und sie einmalig neu zusammensetzte.

Beeindruckt hatten Humboldt und seinen Reisebegleiter, den französischen Botaniker Aimé Bonpland, aber zuerst die Feinheit des Öls, das nie auch nur den Hauch eines widrigen Geschmacks oder Geruchs hinterließ. Dazu war es halbflüssig, durchsichtig und geruchlos. Seine Reinheit war und ist so groß, dass man es über ein Jahr aufbewaren kann, ohne dass es ranzig wird. Der Ritus, aus dem das Öl im Kloster stammte, ist bis heute nicht eingeschlafen und bereitete Humboldt dann schon wesentlich weniger Freude. Einmal im Jahr versammelten sich die Indigenen zur *cosecha de la manteca*, zur Einsammlung des Öls. Dazu zogen sie zur Grotte von Caripe, mit einer Länge von etwa dreizehn Kilometern die größte Tropfsteinhöhle Südamerikas, in der die Vögel zu Tausenden lebten, sammelten die fetten Jungvögel ein und kochten das Öl aus ihnen heraus.

Humboldt erschien dabei der Ertrag in keinem Verhältnis zum Verbrauch der Vögel zu stehen. Dass die Guácharos noch nicht ausgerottet waren, führte er darauf zurück, dass sie auch in Höhlengängen brüteten, die für Menschen unerreichbar waren. Aktuelle Forscherinnen teilen diese Ansicht, interpretieren die indigene Nutzung aber als nachhaltig, weil sich überall zeige, dass sie die natürlichen Hindernisse nicht beseitigte, sondern respektierte.

Humboldt war aber noch etwas anderes aufgefallen. Der Jagdertrag ging nicht an die Jäger allein, sie mussten Öl an das Kloster sowie die Besitzer der Höhle abliefern. Für Humboldt zeigte sich daran, wie das gemeine Recht »in den amerikanischen Wäldern wie im Mittelpunkte der europäischen Kultur« durch die Verhältnisse abgeändert worden ist, »welche zwischen dem Starken und Schwachen, zwischen den Eroberern und den Eroberten stattfinden«. Für Humboldt war, mit anderen Worten, das Recht des Stärkeren schlicht Unrecht.

Die weitverzweigten Höhlengänge untersuchte er natürlich trotzdem. Und was ihm da entgegendonnerte, hatte es in sich: Ohrenbetäubende Würgegeräusche, dämonische Schreie, tiefes Knurren, lautes Kreischen und der Stakkatosound von Tausenden Guácharos, verstärkt und vervielfacht durch Echos und zeitversetztes Antworten von Vogelgruppen aus unzugänglichen Seitentunneln, ließen keinen Zweifel daran, dass die Vögel den Besuchern nicht freundlich gesinnt waren. Wirklich gruselig wird es, wenn man sich dazu noch vorstellt, dass während des Schreichorus die großen, fetten Vögel im Stockdunkeln mit einer Spannweite von einem Meter um einen herumfliegen. Allerdings achten sie sehr darauf, einen nicht zu berühren, wie sie in der Höhle auch nicht mit anderen Vögeln kollidieren. Möglich wird das, weil sie sich mit Echoortung orientieren – die zwar nicht so fein eingestellt ist wie die der Fledermäuse, aber ausreicht, Menschen und ihresgleichen gut räumlich zu sortieren. Eine Feineinstellung der Echoortung im Fledermaussinn benötigen Fettschwalme auch gar nicht, weil sie sich ausschließlich vegetarisch ernähren. Außerhalb der Höhlen, in denen sie den Tag verbringen, benutzen sie sie nie. Zum nächtlichen Früchtefischen reichen ihre hervorragenden Augen völlig aus. Wobei sie, wie neuere Forschungen zeigen, Früchte und Samen nicht nur als Nahrung für die Jungen in die Höhlen tragen; sie spucken sie gezielt in der Umgebung ihrer Höhlen aus und säen so die gewünschten Samen selbst.

Flamingo | *Phoenicopteridae*

»In Spiegelbildern wie von Fragonard« erschienen Rainer Maria Rilke die Flamingos im Jardin des Plantes in Paris in seinem so betitelten Gedicht. An diesem geschichtsbeladenen Ort, an dem der moderne Zoo genauso geboren wurde wie die moderne Biologie, erinnert heute ein übergroßes Denkmal an Jean-Baptiste Lamarck mit dem in Stein gehauenen Hinweis, dass er, Lamarck, der Begründer der Evolutionstheorie, der Theorie von Wandelbarkeit der Arten in der Zeit, sei und – möchte man hinzufügen – nicht dieser überall abgefeierte Engländer mit dem langen Bart.

Rilke hatte im schönen Jardin des Plantes etwas anderes gesehen, nämlich eingesperrte Flamingos, und mit betrübtem Blick, wie ihn vielleicht sonst nur Samuel Taylor Coleridge in ebenjenem England besaß, hat er eines der schönsten Vogelgedichte überhaupt eingefangen:

»In Spiegelbildern wie von Fragonard / ist doch von ihrem Weiß und ihrer Röte / nicht mehr gegeben, als dir einer böte, / wenn er von seiner Freundin sagt: Sie war noch sanft von Schlaf. Denn steigen sie ins Grüne / und stehn, auf rosa Stielen leicht gedreht, / beisammen, blühend, wie in einem Beet, / verführen sie verführender als Phryne // sich selber; bis sie ihres Auges Bleiche / hinhalsend bergen in der eignen Weiche, / in welcher Schwarz und Fruchtrot sich versteckt. // Auf einmal kreischt ein Neid durch die Volière; / sie aber haben sich erstaunt gestreckt / und schreiten einzeln ins Imaginäre.«

Flamingos leben, wenn sie nicht in Zoos oder Parklandschaften sogenannter entwickelter Länder in überschaubaren Gruppen herumstehen, in teilweise riesigen Schwärmen an menschenfernen Orten. Die großen, flachen Seen und Lagunen in Afrika, Indien und Südamerika, die sie bevölkern, gehören zu den rauesten Biotopen der Erde. Ihr Salzgehalt ist oft doppelt so hoch wie der von Meerwasser. Nur wenige Lebewesen – Algen und einige kleine Krebse – halten solch ungünstige Bedingungen aus. Da denen allerdings die Konkurrenz fehlt, wachsen sie in geradezu verschwenderisch riesigen Mengen heran – in einheitlicher Größe und gleichmäßig über den See verteilt. Optimale Bedingungen für Tiere, die ihre Beute einfach aus dem Wasser filtern können wie Flamingos.

Während des Filterfressens plappern sie ausdauernd in tiefen, gänseähnlichen Tönen vor sich hin. Was auf Menschen ohrenbetäubend enervierend wirken kann. Da es unter Flamingos praktisch keine Nahrungskonkurrenz gibt, können sie riesige Schwärme bilden. Am Lake Magadi in Kenia brüteten in den Sechzigerjahren mehr als eine Million Zwergflamingopaare. Was bei den je nach Karotingehalt der Algen rosa bis dunkelrot gefärbten Federn der Tiere außerhalb der Balz besonders prächtig anzusehen gewesen sein muss. Denn dann neigen Flamingos zur synchronisierten Kollektivperformance. Mit gestrecktem Hals wiegen sie den Kopf hin und her, salutieren mit kurzem Flügelstrecken, sodass die schwarzen Flugfedern sichtbar werden, um gleich wieder zu verschwinden. Strecken ein Bein mit einem Flügel in den Wind und rennen alle dicht an dicht in eine Richtung, um plötzlich abrupt abzudrehen.

Die Paarungszeit erkennt man, obwohl immer noch in großen Gruppen vorgetragen – es können fünfzig Männchen vor einem Weibchen den Hals recken –, daran, dass die Tiere zurückhaltender werden. Fast unauffällig abseits der Menge vollzieht sich die Partnerwahl. Die Vermählten kehren zum Nestbau in die Enge des Schwarms zurück. Bis zu fünf Nester finden sich auf einem Quadratmeter.

Da es schwer ist, unter hunderttausend Paaren den Überblick zu behalten, nahm man an, es handele sich um monogame Paare. Was bei genauerem Hinsehen zwar für die Mehrzahl stimmt, es fanden sich aber auch Alternativen. Flamingos legen nur ein Ei. In manchen Nestern lagen aber zwei Eier, die dann auch von zwei Weibchen und einem Männchen bebrütet wurden. Oder zwei Männchen und ein Weibchen pflegten ein Nest mit Küken. Es gab aber auch auffällig große beziehungsweise kleine Nester manchmal ganz ohne Ei. Das waren gleichgeschlechtliche Paare beiderlei Geschlechts, die merkwürdigerweise später manchmal ein Küken versorgten. Flamingos ernähren ihre Küken mit Kropfmilch, deren Zusammensetzung der von Säugetieren gleicht und ebenfalls wie bei Menschen durch das Hormon Prolaktin reguliert wird. Bei den Vögeln produzieren allerdings beide Geschlechter Milch, unabhängig davon, ob sie selbst Kinder haben oder nicht. So können Junge, die ihre Eltern verloren haben oder von ihnen verlassen worden sind, was bei unerfahrenen Flamingos häufig vorkommt, relativ leicht adoptiert werden.

Unter den homosexuellen Paaren können sich manche zu regelrechten Adoptionsspezialisten entwickeln. Mit dem Blick erfahrener Eltern, die gerade kein eigenes Küken im Nest haben, erkennen sie unterversorgte oder verlassene Küken sehr schnell und können sich ihrer annehmen. Das kann dadurch eingeleitet werden, dass sie dem Küken einfach ihren Schnabel hinhalten, damit es trinken kann; oder, wenn ein Küken schon etwas älter ist und zwischen den Nestern herumirrt,

Der Zeichner John James Audubon wollte alle Vögel in der originalen Größe abbilden. Dafür reichte selbst das ein Meter hohe Druckblatt seiner »*Double Elephant Folio*«-Ausgabe nicht aus. Also musste der Flamingohals ins Bild gebogen werden.

indem die »neuen« Alten es auffordern, ihnen zu folgen und in ihr leeres Nest zu klettern. Was verlassene Küken in der Regel gern tun, aber auch nicht immer. Manche verhungern lieber allein, ohne der Aufforderung zu folgen.

Es ist jedoch kein Fehler der Natur, wenn junge, unerfahrene Eltern mit ihren Kindern nicht zurechtkommen, es ist einfach ein Effekt unzureichender Erfahrung. Manche Geifvögel zum Beispiel brüten bis zu drei- oder viermal, bis sie es schaffen, ihr erstes Küken zur Flugreife großzuziehen. Dass Lernen und Erfahrung bei der Jungenaufzucht eine so große Rolle spielen, ist einer der Gründe, warum die aktuelle Biologie nicht mehr mit Begriffen wie Instinkt und Trieb arbeitet. Die damit verbundenen Vorstellungen sind viel zu mechanistisch und automatisch, als dass sie die Dynamik der Interaktionen zwischen Eltern und Jungen auch nur annäherungsweise beschreiben könnten. Kurz gesagt, auch wenn es sich noch nicht herumgesprochen hat: Es gibt keinen Elterninstinkt, genauso wenig wie es ein generell aggressionshemmendes Kindchenschema gibt.

Was es aber gibt, sind bei unterschiedlichen Individuen ganz unterschiedlich ausgebildete Motivationen, sich der Sache mit den Kindern anzunehmen. Motivationen, die sich bei Flamingos unabhängig davon entfalten können, ob man das Ei, aus dem das Küken geschlüpft ist, nun selbst gelegt und ausgebrütet hat oder nicht. Eine Tatsache, die man auch bei in Kolonien brütenden Pinguinen, Krähen, Möwen und Seeschwalben findet. Wobei die Verrenkungen, die die moderne, im heteronormativen Klima des 19. Jahrhunderts entstandene Biologie veranstaltete, um homosexuelle Flamingopaare bei der Jungenaufzucht zu erklären, eine eigene Geschichte wert wären. Da man an einem entlegenen See sich aneinander erfreuende männliche oder weibliche Flamingopaare nicht so leicht als unnatürlich verdammen konnte, wich man auf einen anderen Mangel aus. Sie täten das nur, hieß es, weil sich nicht genug Vögel des anderen Geschlechts zur Wahl anbieten würden. Hätten sie die Möglichkeit, würden sie »natürlich« das andere Geschlecht wählen.

Eine Theorie, die in einem gut dokumentierten Fall zu einer der ungezählten Unglücksvermehrungen in der Welt führten, die durch Nichtstun hätten vermieden werden können. In einem Zoo hatte man ein gut funktionierendes Paar homosexueller Pinguinmännchen getrennt und ihnen jeweils Weibchen in den Käfig gesetzt. Mit dem Ergebnis, dass die beiden Getrennten depressiv und immer dünner wurden, bis man sie endlich wieder zusammensetzte und ihrer »Natur« nach leben ließ. Der Natur nach leben heißt bei zweigeschlechtlichen Lebewesen eben, dass sie sich in alle Richtungen entfalten können. Und nimmt man das dritte Geschlecht, die auch bei Flamingos natürlich vorkommenden Hermaphroditen, noch dazu, potenziert sich die Sache noch mal.

Die Natur ist in diesem Falle polymorph, ohne dabei, wie Freud meinte, »polymorph pervers« zu sein. Pervers ist nur der Glaube, die Natur folge einem normativen Konzept. Aber die Natur kennt keine Straßenverkehrsordnung.

Geier | *Accipitriformes*

»Wenn sie sich die geringste Ruhepause gönnten, wäre bald der einzige Bewohner des Landes die Pest.« Jules Michelet, der Historiker der Französischen Revolution, beschrieb damit die Arbeit der Geier in ägyptischen Städten wie Kairo und Alexandria. In seiner 1856 in Paris erschienenen naturphilosophischen Betrachtung *Der Vogel* widmete Michelet »den bewundernswürdigen Agenten der wohltätigen Chemie« ein Kapitel, in dem er auch auf die verehrende Zuwendung der ägyptischen Bevölkerung zu den Geiern zu sprechen kam. Für die deutschen Verhältnisse bildet das Erscheinen von Michelets Studie in der Mitte des 19. Jahrhunderts so etwas wie die vorläufige Scheidung von Bevölkerung und Geiern. Um diese Zeit sterben die Geier hierzulande aus.

Bis dahin hatte es vom Mittelalter ausgehend auch in deutschen Ländern eine einträgliche Zusammenarbeit gegeben. Geier folgten den wandernden Schafherden, beseitigten verendete Alttiere, tot geborene Junge, die Nachgeburt oder nur die Knochenreste vom Essen der Schäfer. Geier nisteten im Mosel-Rhein-Gebiet, in den Alpen und im oberen Donautal. Und die Bevölkerung unterließ es nicht, sie in Dienst zu nehmen. Auf dem »Schindanger« abgelegte tierische Kadaver und Abfälle warteten geradezu auf Geier und andere Aasfresser als Entsorger.

Im 19. Jahrhundert ändert sich das Geier-Mensch-Verhältnis dramatisch. Jäger beginnen den Vögeln ihr Futter – waidwund geschossenes Wild, das den Jägern entkommen war – zu neiden und schießen treffsicher die Geier ab. Mit der Industrialisierung von Landwirtschaft, Viehhaltung und

Schlachtbetrieb verlieren die Schindanger ihre Bedeutung als Entsorgungsplatz und die Geier ihren Futterplatz.

Es kann hilfreich sein, sich in diesen Tagen an den geschichtlichen Hintergrund der Geier in Deutschland zu erinnern, denn die Geier kehren zurück. Seit einigen Jahren mehren sich auf Ornithologen-Plattformen die Meldungen von Geiersichtungen. 2006 hat es ein Trupp von siebzig Geiern bis nach Mecklenburg-Vorpommern geschafft. Hinzu kommen Sichtungen nahe Mainz in Rheinland-Pfalz, im Nordschwarzwald, in Bayern, Schleswig-Holstein und bei Celle in Niedersachsen. Bei der Mehrzahl der Vögel handelt es sich um Gänsegeier, vereinzelt begleitet von dunkleren Mönchsgeiern.

Die mit einer Flügelspannweite von etwa zweieinhalb Metern nicht zu übersehenden Vögel sind ausgezeichnete Thermiksegler. Aus der Luft suchen sie in kreisenden Flügen nach verendeten Tieren oder fleischlichen Abfällen. Mit hoher Wahrscheinlichkeit handelt es sich um Geier aus Spanien und Portugal, wo sie ebenso wie in den französischen Pyrenäen und dem Zentralmassiv nie verschwunden waren. Da sich die südeuropäischen Geierbestände in den letzten zehn bis fünfzehn Jahren erstaunlich erholt haben, könnte es sich bei den Sommergästen um nachwachsende Geier handeln, die nach neuen Lebensräumen Ausschau halten. Gänsegeier brüten das erste Mal im Alter von vier Jahren, und es ist normal, dass die Jungvögel die Kolonien ihrer Eltern verlassen, in denen um die zwanzig Paare ihre Nester beieinander anlegen. Das wäre die optimistische Interpretation der jüngsten Geiereinflüge in Deutschland. Die pessimistische Schlussfolgerung ist aber leider die wahrscheinlichere. Nach Einschätzung des Naturschutzbundes (NABU) kommen die Geier nicht, weil es ihnen in Spanien, Portugal oder Frankreich zu gut geht, sondern weil sie Hunger haben. Für den NABU sind die »Hungerflüge« ein Alarmsignal, das der Artenschutz nicht ignorieren kann. Die Ursachen ähneln den eingangs beschriebenen an der Wende zum 19. Jahrhundert. Nur sind es diesmal nicht die Schindanger, die verschwinden, sondern die *Muladares* in Spanien – dezentrale Kadaversammelstellen, die über das ganze Land verteilt waren und den Geiern sozusagen als Futterstellen dienten.

Mit der EU-Hygieneverordnung Nr. 1774 aus dem Jahr 2002, die in der Folge des BSE-Skandals die umgehende Beseitigung tierischer Kadaver verlangt, wurden die *Muladares* illegal und Tausende von ihnen geschlossen. Die Schließung zeitigte in den südeuropäischen Ländern umgehend negative Auswirkungen auf die Populationen vieler aasfressender Tiere. In diesem Fall wurde das auch schnell bemerkt. Bereits 2003 erließ die EU eine Sonderregelung, nach der auch »ganze Körper toter Tiere zur Fütterung gefährdeter oder geschützter aasfressender Vögel« ausgelegt werden dürfen.

Der Schluss, dass die Geier vom Hunger getrieben zurück nach Deutschland kommen, hat also einige Argumente auf seiner Seite. Das Problem ist nur, dass im dicht besiedelten Deutschland die Hygieneverordnungen der EU noch wesentlich konsequenter umgesetzt werden als im Süden Europas und den Geiern deshalb auch kein Futter durch verendete Tierkadaver geboten wird. Eine Tatsache, die bei den Überlegungen von Vogel- und Naturschützern im Engagement für den Geierschutz eine wesentliche Rolle spielt. Die Hygieneverordnungen der EU werden als kontraproduktiv eingestuft. In Belgien und Holland, die ebenfalls zu Geiereinflugsgebieten geworden sind, setzt man diese Kritik bereits in die

Der federlose, nackte Hals der Geier sieht nicht unbedingt schön aus,
ist aber praktisch, wenn die Vögel mit ihrem Kopf in das Innere eines
tierischen Kadavers vordringen, um ihren Hunger zu stillen.

Praxis um. Dort werden an bestimmten Stellen die Geier mit Schlachtabfällen gefüttert. Solche Futterstellen können allerdings nur eine aktuelle Übergangsmaßnahme darstellen, die geeignet ist, vom erfolglosen Futterflug ausgezehrte Geier wieder aufzupäppeln. Auf lange Sicht kann man den Geiern nur helfen, wenn man die »natürlich« anfallenden Kadaver wieder im Freiland belässt. Um dauerhaft die Wiederansiedlung von Geiern zu ermöglichen, ist es nötig, Raum für großflächige Weidewirtschaft zu schaffen. Solche großräumigen Weidelandschaften ließen sich zum Beispiel in Nationalparks, auf ehemaligen Truppenübungsplätzen oder in Gebieten des Nationalen Naturerbes entwickeln.

Graupapagei | *Psittacus erithacus*

Die heiseren Schreie, manchmal durchzogen von hochgepitchten, lang gezogenen Pfiffen und schrill quäkenden Protestrufen, die von Mai bis Oktober 2015 in der Fußgängerzone im Zentrum von Linz zu hören waren, konnten zunächst keinem Produzenten zugeordnet werden. Die Vögel, neunzehn Graupapageien und zwei Amazonen, die sie hervorbrachten, waren schlicht von der Hauptstraße aus nicht zu sehen. Man musste, um sie zu finden, durch eine Seitengasse in einen weiten Hof gehen und sich auch dort erst mal den Kopf verrenken. Denn die Papageien lebten in einer großzügigen Voliere inmitten einer offenen Stahlkonstruktion auf dem Dach eines Linzer Kunstraums und waren Teil einer Ausstellung mit dem treffenden Titel *Vogelherbst*. Die Papageien schrien, kreischten und pfiffen aber nicht nur, die Höhen und Tiefen ihrer Tonleitern austestend, sie konnten über einen Joystick selbst künstliche Töne hervorbringen und verändern. Ihnen stand auch ein Klavier zur Verfügung, dessen Tasten sie mit dem Schnabel oder mit Holzstücken bearbeiten konnten. Ein Papagei namens Chica hatte sich darauf spezialisiert, die Saiten einer Kindergitarre mit der Zunge zum Klingen zu bringen.

Die Papageien sind seit ein paar Jahren Teil eines Projekts der Künstlergruppe *alien productions*, die ihrem Versuch den schönen Namen *metamusic* (Metamusik) gegeben hat. »Metamusik« ist deshalb ein schöner Name, weil die Künstler hier nicht von irgendeinem Ursprung der Musik oder der Kunst faseln und den Vögeln auch kein kompositorisches Ziel wie das Lernen menschlicher Tonfolgen unterstellen. Es handelt sich um ein Werk wirklicher Partizipation, in dem Menschen und Nicht-Menschen zusammen etwas hervorbringen, das dann auch »Metamusik« heißen kann. Man muss das betonen, weil Partizipation zu einem Trend in der Kunst geworden ist, der in der Regel darauf hinausläuft, dass schöne junge Menschen, mehr oder weniger angezogen, in Kunsträumen herumstehen oder sich verrenken, damit der Künstler ihnen sagen kann, sie hätten an seinem Werk »partizipiert«.

Die Papageien in Linz waren aber alle angezogen, gut durchgefiedert in den schönsten von hell nach dunkel changierenden Grautönen und mit wunderbaren roten Schwanzfedern. Das war bei ihnen nicht immer so, denn die Vögel sind erst nach 2005, als in Österreich deren Einzel- wie die Käfighaltung verboten wurde, zusammengekommen. So leben sie seither, zumindest was ihre sozialen Ansprüche betrifft, annähernd in ihnen entsprechenden Verhältnissen. Denn Graupapageien existieren in ihren afrikanischen Lebensräumen in den Wäldern Zentralafrikas in großen Trupps, innerhalb derer die Vögel lang andauernde Paarbeziehungen bilden, wobei sich die Partner selten aus den Augen, aber nie aus den Ohren verlieren. Es war Verhaltensforschern »schon« in den 1950er-Jahren aufgefallen, dass man Graupapageien besser nicht allein einsperrt, weil sie dann zu querulierenden Schreihälsen werden, die sich aus Zorn über ihre Einsamkeit auch noch selbst die Federn ausreißen. Zu zweit waren sie schon wesentlich entspannter, auch wenn sie von Zeit zu Zeit in heftig laute Streitereien verfielen und an solchen Tagen dann auch nicht nebeneinander auf der Käfigstange schliefen, sondern an entgegengesetzten Ecken ihrer Voliere, möglicht weit auseinander. Ein Zustand, der aber meist am nächsten Morgen wieder durch Federsträuben, Kopfverren-

Graupapageien sind freiwillig nie allein. Menschen haben das jahr-
hundertelang ignoriert und sie nicht nur allein abgebildet, sondern
auch in Käfige gesperrt.

ken und gegenseitiges Nackenfedernzupfen behoben werden konnte. Und es war auch aufgefallen, dass, wenn sie zu zweit oder mehreren waren, sie fast nie in die exakte, vermeintlich geistlose Nachahmung menschlicher Namen oder Phrasen wie »Guten Tag« verfielen.

Als über Jahrhunderte meistverbreiteter Käfigpapagei sind Graupageien mit ihrer exakten Nachahmung bestimmter Wörter gründlich missverstanden worden. Man hielt das Nachplappern für den Ausdruck der beschränkten kommunikativen Möglichkeiten der Vögel. Heute weiß man, dass die exakte Mimesis überhaupt keine kommunikative Funktion hat, sondern den Vögeln dazu dient, überhaupt die Aufmerksamkeit ihrer aus Vogelperspektive kommunikativ unfähigen Besitzer zu erregen. Und das geht bei Menschen am besten, wenn man ihnen erzählt, was sie gerade selber erzählt haben. Herausgefunden hat man das Anfang der 1990er-Jahre, als erstmals bei einem wilden Graupapageienpaar in Gabun beobachtet werden konnte, dass die Vögel zahlreiche Imitationen anderer Arten in ihre Rede einbauen. Imitationen, die aber mit bloßem, ungeübtem Ohr nicht wahrnehmbar sind. Weil die Tiere, wenn sie diese kommunikativ einsetzen, die Einzeltöne oder Motivfolgen auf verschiedenste Weise verändern.

Vögel füttern

Als der Ornithologe und Vogelzugforscher Peter Berthold 2006 in seinem Buch *Vögel füttern – aber richtig* dafür plädierte, Vögel in Garten und Stadt das ganze Jahr über zu füttern, wurde das von manchen Vogelfreunden hierzulande als eine Revolution empfunden. Das war sicher übertrieben, zeigt aber, mit welcher Vehemenz in Deutschland um die Frage, ob man Vögel überhaupt füttern soll und wenn ja, ob nur im Winter oder über das ganze Jahr, gerungen wurde und wird.

Wer aber seit Längerem und oft mit Ornithologen und *Birdern*, wie die Hobbyornithologen dort heißen, in den USA zu tun hat, kann den Konflikt kaum noch nachvollziehen. In Nordamerika ist es von Maine über New York bis Texas völlig normal, Vögel das ganze Jahr über zu füttern. Es wird einem in Amerika aber auch relativ leicht gemacht. Es gibt dort spezielle Futtermischungen für alle Jahreszeiten – Herbst, Winter, Frühjahr und Sommer – zu kaufen, die in manchen Fällen auch für bestimmte Arten angeboten werden. In einem Land, in dem jeder fünfte Einwohner ein *Birder* ist, gibt es allerdings für die Futtermischungen auch einen unvergleichlich großen Markt, gemessen zu hiesigen Verhältnissen. Wie man aber Bertholds Buch entnehmen konnte, werden auch in Großbritannien seit über dreißig Jahren Vögel ganzjährig gefüttert, ohne dass man das Füttern infrage gestellt hätte. Dementsprechend bezieht sich Berthold in seiner Argumentation für das Füttern übers Jahr vor allem auf Erfahrungen von dort, wo die Praxis immer auch wissenschaftlich begleitet worden ist. Man kann tatsächlich vor dem Hintergrund der angelsächsischen Erfahrungen alle Argumente, die von deutschen Naturschützern gegen das Füttern vorgebracht werden, weitgehend entkräften, ohne dabei Äpfel mit Birnen zu vergleichen. In den meisten Fällen handelt es sich bei den Lebensräumen, in denen Vögel vorkommen – wie zum Beispiel Städte und bewirtschaftete Ackerflächen –, nicht um deutsche Sonderbiotope, sondern um durchaus vergleichbare ökologische Gegenbenheiten. Das Gleiche gilt für bestimmte Lebenspraktiken von Vögeln, in diesem Fall speziell von Singvögeln.

Eines der am heftigsten vorgebrachten Argumente gegen das Auslegen von Vogelfutter in Vogelhäusern, auf Balkonen oder einfach auf Fensterbrettern im achten Stock eines Berliner Mietshauses bezieht sich auf einen spezifischen Wechsel in der Nahrung der Singvögel. Fast alle Singvögel müssen ihre Jungen nach dem Schlüpfen aus dem Ei in den ersten Wochen mit Insekten ernähren, während die erwachsenen Vögel alles Mögliche zu sich nehmen können: Sämereien, Früchte, Gräser und auch tierische Fette.

Weil aber, so lautete das Argument, die für die Winterfütterung typischen Meisenknödel nur Fette und Samen enthalten, würden sie, über das Frühjahr ausgelegt, die Elternvögel dazu verführen, die Insektenjagd einzustellen und ihre Jungen mit Samen falsch zu ernähren. Wer einmal Krähen, die zu den Singvögeln zählen, dabei beobachtet hat, wie sie im Frühjahr während der Jungenaufzucht in einem Stadtpark im Gras der für sie mühseligen Insektenjagd nachgehen, kann diesem Argument nicht mehr folgen. Das Futter, von dem sich die Altkrähen ernähren, menschliche Abfälle zum Beispiel, nimmt im Frühjahr im Stadtpark eher zu als ab, und trotzdem suchen die Alten für die Jungen nicht Pommes, sondern Insekten. Darüber hinaus ist es ziemlich anmaßend, davon auszugehen, dass Vögel so blöd sind, dass sie nicht zwischen Nahrung für sich und Nahrung für ihre Jungen unterscheiden können.

Mittlerweile ist der Fall auch wissenschaftlich einwandfrei geklärt. Meisen zum Beispiel ernährten in England während der Jungenaufzucht die Kleinen mit Insekten und stärkten nur sich selbst an den verfügbaren Fett-Samen-Mischungen der Knödel. Dramatisch wurde es nur, wenn die allgemeine Ernährungslage so schlecht war, dass außer den Knödeln kein anderes Futter zur Verfügung stand. Dann ernährten die Meisen ihre Jungen tatsächlich falsch oder ließen sie im Extremfall auch verhungern. Das ist ein Phänomen, das man auch von Seevögeln wie Trottellummen von den nord-schottischen Inseln kennt: Wenn sie nicht mehr genug junge Fische im Meer finden, um ihre Brut zu ernähren, ernähren sie nur noch sich selbst.

Aus dieser Tatsache folgt dann auch Bertholds allgemeines Argument für das Füttern von Vögeln: Insekten haben in den letzten Jahrzehnten derart an Zahl abgenommen, dass es in seinen Augen zur Menschenpflicht wird, Vögeln durch Zufütterung über die anstrengende Jungenaufzucht zu helfen. Wie extrem der Rückgang der Insektenpopulationen ist, das erläutert Berthold mit einem plastischen Beispiel. Wer sich noch daran erinnert, wie er oder sie in den Sech-ziger- oder Siebzigerjahren nach längeren Autofahrten die Windschutzscheibe oder das Glas der Vorderlampen von darauf im Fahrtwind zerquetschten Insekten freikratzen musste, kann feststellen, dass das heute praktisch nicht mehr vorkommt. Die Insektenjagd wird also allein wegen der ver-ringerten Zahl der Insekten für Vögel immer komplizierter.

Zufüttern, selbst mit Meisenknödeln, kann die Elternvögel also entlasten. Und wer es ganz richtig machen will, kann mittlerweile auch mit Insekten angereichertes Vogelfutter auslegen. Man tut damit nichts Schlechtes, aber man greift selbstverständlich in die Natur ein. Womit man sich den Ärger von Hardcore-Darwinisten unter den Naturschützern zuziehen kann, die immer noch glauben, es gebe so etwas wie Naturgesetze, die unabhängig vom Menschen ihre Kraft entfalten und für die Auswahl der Besten unter den Lebenden sorgen. Darauf kann man in einer Reihe, die vom großen Allgemeinen zum kleinen Konkreten führt, antworten: Zum einen gibt es, seit es Menschen gibt, dort wo es Menschen gibt, keine Natur mehr, die nicht von menschlichen Eingriffen, betroffen ist. Die Intensivierung der Landwirtschaft stellt genauso einen menschlichen Eingriff in die Natur dar wie die Versiegelung von Grundflächen in Siedlungsgebieten oder auch gebaute und nicht benutzte Flughäfen auf vorher freien Grünflächen. Das Füttern von Vögeln ist dann nur ein Eingriff von der anderen Seite, von der Seite derer, die lieber mit Vögeln leben als ohne. Mit den Spatzen gibt es mittlerweile auch eine Art, die grundsätzlich auf das Füttern angewiesen ist. Ihre Zahl nimmt im Unterschied zu der von Meisen oder Grünfinken in Städten stetig ab, und das hängt unter anderem mit der aktuellen Architektur zusammen, die ihnen Nistmöglichkeiten raubt. Wer das Leben in Städten aber mit Spatzen als lebenswerter empfindet als ohne, wird nicht darum herumkommen, sie zu füttern, und das ohne Pause übers ganze Jahr.

Harpyie | *Harpia harpyja*

Wenn die eigene Formsprache nicht mehr für die Wirklichkeit reicht, werden die Mythen angezapft, hat der Schriftsteller Rainald Goetz einmal, schwer genervt von der Gegenwartsflucht aktueller Künstler, gesagt. »Die Mythe log«, brachte Gottfried Benn etwas früher, 1943, in seinem Gedicht *Verlorenes Ich* dieses Problem in eine klare Zeile. Und so ist es auch bei der Harpyie. Der ganze römisch-griechische Mythenschwall um die Mischwesen aus Vogelkörper und Frauenkopf trägt absolut nichts zum Verständnis des wirklich lebenden Vogels bei. Dabei ist nicht einmal die Frage interessant, warum Carl von Linné, der Begründer der modernen biologischen Nomenklatur, 1758 diesen Vögeln den Namen *Harpia harpyja* gab.

Sicher ist aber, dass es bestimmt nicht leicht ist, mit einer Flügelspannweite von um die zwei Meter in den oberen Etagen des tropischen Regenwaldes aus dem Flug heraus, zwischen mehr oder weniger dichten Ästen und Blättern, das Tempo so zu koordinieren, dass die Fluggeschwindigkeit kurz vor dem zur Landung anvisierten Ast auf fast null gedrosselt ist. Die Harpyien Südamerikas schaffen dieses Kunststück, indem sie ihren Schwanz auffächern und nach unten drücken, so dass er gleichzeitig als Ruder und Bremse fungieren kann. Zudem stellen die Greifvögel die Flügel steiler an und senken deren Hinterkante. Dadurch können sie ganz gut bremsen; es droht ihnen im langsamer werdenden Flug aber immer noch der Strömungsabriss auf der Flügeloberseite, der, wenn er nicht verhindert wird, den Absturz zur notwendigen Folge hat. Harpyien verhindern ihn durch das Aufstellen von ein paar kleinen Federn, den sogenannten Daumenfittichen, die sie am Flügelbug auf dem zurückgebildeten Daumen tragen und die die Anströmung der Flügeloberseite verbessern.

So koordiniert, ist die Landung, bei der sie mit den riesigen Fußfängen den Ast umgreifen und die Reste der Flugbewegung abfangen, gut möglich. Geschützt sind sie damit aber nicht vor den Gefahren des Genickbruchs, wenn sie die Dicke und Schwingfähigkeit eines Astes im Flug falsch einschätzen und mit ihm kollidieren. Und wenn schon die Flugmanöver so kompliziert sind, braucht man nicht viel Fantasie, um sich auszumalen, wie schwierig erst die Jagd nach großen, wendigen und klugen Tieren wie Brüll- oder Kapuzineraffen in den oberen Regionen der Wälder Südamerikas ist, wo sich Harpyien fast ausschließlich aufhalten und jagen. Ebenso schwierig ist es, da oben in den Dachregionen der Wälder die Vögel überhaupt zu beobachten.

Der in Peru geborene Künstler David Zink Yi hat im Jahr 2004 im Künstlerhaus Bremen in einer schönen Installation mit dem Titel *Alrededor del dosel / Umgehen der Baumkronen* einen guten Einblick in den damaligen Stand der Forschung gegeben. Zink Yi folgte für seine Arbeit einem peruanischen Ornithologen durch den Dschungel und ließ ihn erzählen, was man über die Vögel so weiß. Zu sehen waren auf den Filmbildern dann hauptsächlich die Schuhe des gehenden Forschers und dicke Baumstämme im Wald. Was man aber nie sah, waren die Hapyien selbst und die Kronen der Bäume, und das ist nicht bloß realistisch oder eine Form des Realismus, es ist viel mehr: Es ist die Wahrheit der Harpyienbeobachtung. Man sieht die großen Vögel äußerst selten, und wenn, dann nur fragmentiert als huschende Bewegung in fünfzig oder sechzig Metern Höhe. So gibt es zum Beispiel

La Harpie d'Amérique.

Falco destructor, Daudin.

Vom Verhalten der Harpyien in Freiheit weiß man bis heute wenig,
aber dass sie gern auf Ästen sitzen, stimmt.

bis heute keine dokumentierte Beobachtung, wie eine Harpyie ein Faultier angreift, ihm seine großen, messerscharfen Krallen in den Körper rammt und es aus dem Baum zerrt, an dem es hängt, um es in sein Nest zu schleppen.

Dass Harpyien Faultiere jagen, hat man aus den Faultierknochen geschlossen, die man immer wieder in der Nähe ihrer Nester am Boden gefunden hat. Und dass sie Faultiere tatsächlich in ihre Nester bringen, weiß man, seit es dem Tierfilmer Rainer Bergomaz im Gebiet um den Orinocofluss in Venezuela gelungen ist, die Aufzucht eines Harpyiekükens über mehr als ein Jahr filmisch zu dokumentieren. Bergomaz' Film *Harpyien. Die Raubvögel des Regenwaldes* ist in einer englischen und deutschen Version auf YouTube leicht zu finden. Er enthält so viel bis dahin Ungesehenes, dass man selbst mit der Musik und dem vielen Ich-Sagen im Kommentar kein Problem hat. Es ist dem Filmteam gelungen, auf einem Nachbarbaum eine Kamera so zu installieren, dass es jederzeit in das Nest schauen konnte. Was man dann sieht, lässt einen Schluss bestimmt zu: Harpyien werden niemals an Überbevölkerung leiden. Die Vögel ziehen wie viele Greifvögel immer nur ein Küken groß, das sich aber die ersten zwölf Monate seines Lebens kaum mehr als hundert Meter vom Nest entfernt und weiter in der Obhut der Eltern bleibt. Was auch damit zusammenhängt, dass sie das gefahrlose Fliegen im Wald erst mühselig lernen müssen, vom Jagen mal ganz abgesehen.

Die Sensation von Bergomaz' Film liegt in der Aufmerksamkeit, die er der näheren Umgebung des Nests widmet. Es leben um das Nest herum sowohl Gruppen von roten Brüll- wie auch Kapuzineraffen. Während der Film zeigt, wie das Harpyienmännchen in längeren Abständen, in der

Regel einmal pro Woche, Brüll-, Kapuzineraffen und Faultiere anschleppt und sich umgehend wieder zur Jagd entfernt, werden die Affengruppen um das Nest nie jagend verfolgt. Bergomaz glaubt, dass die Altvögel die Brüll- und Kapuzineraffentrupps in der Nähe bewusst nie angreifen, um dem Jungvogel genug Möglichkeiten zu lassen, seine zukünftige Beutetiere in all ihren Verhaltensvarianten zu studieren.

Was, wenn man sieht, wie der Jungvogel, nachdem er bereits fliegen kann, nichts anderes tut, als wochenlang auf einem Ast zu sitzen und den Wald und seine Bewohner im wachsten Zustand zu beobachten, mehr als plausibel ist.

Hyazinth-Ara | *Anodorhynchus hyacinthinus*

Wer sich mit Hegel beschäftigt, stößt irgendwann auf die Anekdote mit den Papageien. Nach der »Weltseele zu Pferde«, die Hegel nach der Schlacht von Jena und Auerstädt im reitenden Napoleon erkannte, ist die Geschichte um die Papageien die zweitberühmteste Hegel-Anekdote. Hegel hatte in einer seiner Vorlesungen auch über die südamerikanischen Papageien gesprochen, bis ihn ein Student, der die Vögel aus eigener Anschauung kannte, darauf hinwies, dass das zwar alles ganz schön sei, die Papageien in Südamerika aber ganz anders seien. Worauf Hegel dem Studierenden die knappe Antwort gab: »Umso schlimmer für die Papageien.« In den vielen Varianten, in denen die Anekdote kursiert, wird das »Umso-schlimmer« auch häufig als »umso schlimmer für die Natur« erzählt und gern als Beispiel für Hegels Generalignoranz gegenüber der Wirklichkeit angeführt.

Gerade das ist aber nicht der Sinn Hegels. Denn Hegel unterscheidet zwischen Wirklichkeit und Realität gerade auch am Beispiel der Natur. Während die Wirklichkeit nach Hegel danach strebt, einen Begriff, eine Idee zu verwirklichen, in der sich die innere Notwendigkeit der Vernunft zeigt, ist die Realität eben kontingent, von der freigelassenen Zufälligkeit beherrscht. Der Zufall waltet in der Natur nicht nur als momentane Unregelmäßigkeit, »sondern im Gegenteil in dem ›ruhigen Ergehen seines Freigelassenseins‹ in besonderen Gattungen und Arten«, wie der Philosoph Dieter Henrich in seiner maßgeblichen Interpretation *Hegel im Kontext* schreibt. Das heißt, das Ergehen der Natur in »etliche und sechzig Arten von Papageien, hundertsiebenunddreißig Arten von Veronica usf.« (Hegel) ist nicht das Werk einer Idee oder eines Geistes, sondern bloß aus grund- und ziellosem Zufall hervorgegangen. Und deshalb erscheint es Hegel auch als geistlos und langweilig, die Artenvielfalt aufzuzählen; aus solcher Mannigfaltigkeit spreche eben »kein Geist«. Die grund- und ziellose Offenheit der Evolution ist für Hegel aber nicht nur geistlos, sie kann auch falsch sein. Die Natur kann nämlich Geschöpfe hervorbringen, die gegen jede Vernunft- und Gedankenbestimmung existieren. Insofern können auch Papageien falsch oder unwahr sein, und genau das drückt Hegel gegenüber dem Studenten aus. Die Natur erzeugt ihre Glieder nicht nach vernunftbedingten Gesetzen, sondern hat im Gegenteil offensichtlich sogar Spaß daran, »falsche« Arten wie die Papageien hervorzubringen, die sich in keinem System letztlich sicher verorten lassen.

Und ganz sicher hätten Hegel in diesem Zusammenhang die Hyazinth-Aras besonders genervt. Einfach weil sie zu groß, zu laut, zu einfarbig tiefblau, kurz: zu besonders für die allgemeine Vorstellung und Idee von Papageien sind. Was soll man auch von bis zu einem Meter langen Vögeln halten, die ihren riesigen Krummschnabel an Bäumen als dritten Fuß einsetzen, sich an ihm hochziehen, um dann mit den kräftigen Füßen mit vier Klauenzehen, von denen zwei nach vorn und die anderen beiden nach hinten zeigen, ganz langsam eine Nuss zu ergreifen? Genau, daraus kann man nur viel Einmaliges folgern beziehungsweise nur wenig systematisch zu Verallgemeinerndes. Beschreiben kann man sie natürlich trotzdem, und dabei hilft es auch, dass die Vögel wegen ihrer Größe und Farbe gut sichtbar sind.

In Gegenden wie dem brasilianischen Pantanal hat den Hyazinth-Aras die Sichtbarkeit das Überleben gerettet. Dass sie dort heute, obwohl sie immer noch als gefährdet gelten, halbwegs stabile Populationen bilden, hängt auch mit dem dort betriebenen Ökotourismus zusammen.

Nach der Verpaarung im Dezember suchen sich Aras in Bäumen natürliche Höhlen. Die sind selten und die Vögel anspruchsvoll. Bei den Kämpfen um die Höhlen sind sie manchmal rabiat. Sollte ein Elternteil verunglückt oder gefressen worden sein, warten nestlose Paare, bis der erwachsene Ara auf Futtersuche ist, und werfen dann die Jungen aus dem Nest, um die Höhle zu übernehmen.

Die Jungvögel müssen neben den sozialen Fähigkeiten den richtigen Umgang mit der Nahrung lernen. Aras ernähren sich vor allem von Samen. Viele Bäume schützen ihre Samen durch Zusätze giftiger Substanzen. Die Samen des Brechnussbaums enthalten zum Beispiel Strychnin. Aras knacken alle möglichen giftigen Nüsse. Wenn sie gefressen haben, fliegen sie an Stellen, wo sich über vierzig Meter hohe Steilwände an Flussufern hinziehen. Der dort von den Vögeln verzehrte Lehm absorbiert die Giftstoffe in den Samen und führt zu einer beschleunigten Ausscheidung.

Knutt | *Calidris canutus*

Es gibt während der Vogelzugzeiten vom Herbst bis in das Frühjahr so etwas wie einen Weltvogel, und der heißt Knutt. Knutts können als ein Paradebeispiel dafür gelten, wie im Leben einer spezifischen Natur Mechanik, Eigensinn und Kollektivbewusstsein so ineinander übergehen oder nebeneinander bestehen, dass sich der Gedanke, es könne sich bei diesen Erscheinungen um Widersprüche handeln, phänomenologisch verflüchtigt.

Wenn man die kleinen, rötlich-braun schimmernden Vögel zu dieser Zeit an ihren Lieblingsorten, an Stränden mit kommendem und gehendem Wasser, sieht, bieten sie überall das gleiche Bild. Wobei diese Orte im westaustralischen Broome ebenso liegen können wie an der Delaware Bay oder auf Cape Cod in Nordamerika oder im europäischen Wattenmeer, wo Knutts in einer Zahl von bis zu 200.000 Tieren auftauchen können. Rasend schnell laufen sie an den Stränden dem gehenden Wasser ins Meer hinterher, um jedesmal genauso schnell wieder zurück auf den Strandsand zu sprinten, wenn das Wasser zurückkommt.

Dabei sondieren sie mit dem kopflangen schwarzen Schnabel den Boden, ziehen da einen Wurm heraus, greifen dort eine Muschel, heben sie an und donnern sie auf den Grund. Die Vögel arbeiten den Strand wie langsam stechende Nähmaschinen ab und scheinen das Spiel zu spielen, das da heißt: Wie mache ich mir die Füße am Meer nicht nass.

So wurden der Strand und die maschinenmäßig präzisen Bewegegungen von Beinen und Schnabel zu den prägenden Bildern des Knutt, wissenschaftlich: *Calidris canutus*.

Descartes' Körperautomaten können in diesem Teil des Knuttlebens eine entsprechende Veranschaulichung finden. Und bestimmt sind es auch automatisch ablaufende Körperprogramme, die die Hektik und Präzision der Nahrungsaufnahme in den kurzen Wochen an den Stränden etwa von Cape Cod organisieren. Die Vögel schaffen es oft innerhalb von zwei Wochen, ihr Körpergewicht zu verdoppeln. Das geht natürlich nur, weil sie so klein sind, Gänse etwa würden bei derselben Prozedur einfach platzen. Aber auch Knutts und andere kleine Watvögel müssen in ihrem Körper den Platz für das nährende Fett erst schaffen. Mit der Zunahme der Fettdepots im Körper nehmen viele innere Organe, einschließlich des Gehirns, an Masse ab. Die Fettreserven brauchen Knutts auch, weil sie zum Beispiel im pazifischen Raum auf dem Weg von ihren Brutgebieten in der arktischen Tundra zu ihren Ruhezielen auf den Hawaii- und Marquesas-Inseln 5000 bis 7500 Kilometer im hundertstündigen Transpazifik-Nonstop-Flug zurücklegen müssen. Nonstop müssen sie fliegen, weil sie nicht schwimmen können.

Wachsam müssen sie aber trotz Fettzu- und Hirnabnahme bleiben. Die Gefahren lauern überall, sie beginnen schon beim Muschelsuchen. Größere Muscheln können durch schnelles Schließen ihrer Schalen einen Knutt gut festhalten und so auch töten. Mit der Wachsamkeit hängt auch ein anderes, leicht durch eigenes lautes Verhalten auszulösendes Phänomen zusammen: nämlich der sekundenschnelle Zusammenschluss der einzeln ackernden Vögel zu einem undurchdringlichen, horizontblendenden Schwarm. Niemand hat bis heute dieses Phänomen genauer beschrieben und bedacht als Henry Beston in seinem 1928 erschienenen amerikanischen Nature-Writing-Klassiker *The Outermost*

Maubeche grise.

Knutts brüten in den nördlichsten Tundren der Erde und legen auf
dem Weg dorthin über den Pazifik bis zu 7500 Kilometer im Nonstop-
Flug zurück.

House. A Year of Life on the Great Beach of Cape Cod, der 2018 unter dem Titel *Das Haus am Rand der Welt. Ein Jahr am großen Strand von Cape Cod* auf Deutsch erschienen ist.

»Keine Spielart der Natur an diesem Strand ist mir so unerklärlich wie die Flüge der verschiedensten Gruppen von Strandvögeln«, schreibt Beston und fährt fort: »Wie ich bereits angedeutet habe, formieren sich diese Gruppen im Nu, und genauso schnell entwickeln sie ihren eigenen Willen. Vögel, die weit entfernt voneinander nach Futter suchten, jeder für sich und jeder aufs eigene Wohl bedacht, verschmelzen unvermittelt zu einem kollektiven Willen und steigen auf, fliegen, gleiten, neigen ihre nach Dutzenden zählenden Körper wie ein Wesen, als das sie auf den neuen Kurs einschwenken, den der gemeinsame Wille der Gruppe vorgegeben hat.« Beston schließt an seine Überlegungen an: »Einen Leitvogel oder Anführer, das sei ergänzt, gibt es nicht.« Und hat damit eines der Axiome jeden wirklich kollektiven Denkens aus der Beobachtung des Umschlags vom Eigensinn zum Kollektivgeist bei Watvögeln herausgelesen. Einem Geist, dem die Vögel selbst nachzutrauern scheinen, wenn sie zu ihren Balz-Singflügen ansetzen, deren maliziös-melancholischen Sound die englische Lautschrift so treffend nachmalt: »Poor-me, poor-me.«

Kuckuck | *Cuculus canorus*

Wer in Zungen rede, stehe, sofern er Dichter und nicht Apostel sei, hier und heute unter Rechtfertigungsdruck, hat Robert Gernhardt »In eigener Sache« notiert. Seit die Stürmer und Dränger im ausgehenden 18. Jahrhundert das Originalgenie auf den Schild hoben, verlangten Kritik und Leserschaft bereits vom dichtenden Anfänger die unverwechselbare, eigene, eben: originale oder doch zumindest originelle Stimme – wie erst vom reifen oder doch zumindest gereiften Dichter, heißt es bei Gernhardt im leicht klagenden Ton weiter. »Was wäre solchen Forderungen entgegenzuhalten?« In Gernhardts Antwort auf seine eigene Frage steckt dann nicht nur seine eigene Sache, sondern in gewisser Weise auch das Anliegen dieses Buches: »Vielleicht dies hier: ein vielfach abgetönter Blütenstrauß aus Feld, Wald, Buch, richtiger: aus Natur, Naturkunde und Literatur zum Thema.«

Gernhardt verbindet seinen Essay in eigener Sache mit einer glühenden Vorstellung von Arnulf Conradis in der Reihe *Kleine Philosophie der Passionen* 1998 erschienenem Band *Vögel* und geht dabei ganz in einer Verteidigung von »Spöttern« – also solchen Vögeln, die wie Sumpf- oder Teichrohrsänger fast nur in fremden, von anderen Arten entlehnten Tönen singen – und Kuckucken auf. Kuckucke, so zeigt Gernhardt an Gedichten über den Vogel von Christian Fürchtegott Gellert und Rainer Maria Rilke, erzeugen bei Dichtern ein ambivalentes Bild, das aber immer kunstvoll in Verse gegossen wird. Und das hat verschieden Gründe.

Der Kuckuck ruft zwar so schön melodisch zweisilbig »Kuckuck«, hat aber einen schlechten Ruf. Seine Eier in fremde

Nester zu legen und sich nachher nicht um den Nachwuchs zu kümmern ist auch wirklich nicht der Normalfall unter Vögeln. Dazu kommt noch, dass es bei dem Gemeinen Kuckuck unserer Breiten, wissenschaftlich: *Cuculus canorus*, überhaupt keine Paarbindung zwischen Männchen und Weibchen zu geben scheint. Wenn die männlichen Kuckucke Mitte April aus Zentralafrika hierherkommen – die Weibchen kommen eine Woche später –, bilden sie zuerst ihre Reviere und beginnen zu rufen, womit sie mit wechselnden Intensitäten bis Ende Juli, wenn der Rückflug naht, nicht aufhören.

Ihre Lage ist zu Beginn im Frühjahr aber alles andere als rosig. Denn die dicken, haarigen Raupen, die andere Vögel meiden und von denen Kuckucke sich hauptsächlich ernähren, gibt es – wenn überhaupt – nur in kleiner Zahl. Genau weiß deshalb niemand zu sagen, wovon sich Kuckucke in den ersten Tagen hierzulande ernähren. In ihrer Hauptnahrung, den haarigen Raupen, muss man aber auch einen der Gründe dafür sehen, dass Kuckucke ihre Jungen von anderen, wesentlich kleineren Singvögeln wie Teichrohrsängern, Bachstelzen oder Heckenbraunellen aufziehen lassen.

Haarige Raupen sind keine leicht verdauliche Nahrung, und für Jungvögel mit sich noch entwickelndem Verdauungstrakt können sie tödlich sein. Junge Vögel ernährt man am besten mit weichen, ungiftigen Kleininsekten, und die können kleine Vögel auf den Zweigspitzen an jungen Blättern oder im wankenden Röhricht wesentlich schneller und besser fangen als die schwerfälligeren, turteltaubengroßen Kuckucke. Entwicklungsgeschichtlich kann man in der Tatsache, dass die kleineren und wendigeren Singvögel später in der Evolution auftauchten als die Kuckucke, einen der Gründe sehen, warum sich der Brutparasitismus entwickelte.

Während die Männchen also rufen, Raupen fressen und sich von Zeit zu Zeit paaren, führen die Weibchen ein unauffälliges, aber extrem aufmerksames Leben, weshalb man, wenn man Kuckucke ausnahmsweise einmal erspäht, vor allem Männchen sieht. Die Weibchen durchstreifen ihre Wohngebiete in andauernder Suche und Beobachtung nestbauender kleinerer Singvögel. Das tun sie sehr zurückhaltend, aber intensiv. Denn es sind höchstens drei oder vier Tage, in denen an einem bestimmten Nest opimale Bedingungen gegeben sind, um ein fremdes Ei dort abzulegen.

Wie das genau geschieht, hat der große Hobby-Ornithologe Edgar Chance in einer brillanten Feldstudie Anfang der 1920er-Jahre herausgefunden. Chance, Direktor eines Chemieunternehmens, war ein obsessiver Vogeleiersammler und hatte von einem Kollegen gehört, der in Deutschland zwanzig Kuckuckseier von nur einem Weibchen in einem Sommer gesammelt hatte, und den wollte er unbedingt übertreffen. Was Chance letztlich auch gelang; relevant ist aber der Weg dorthin. Chance kam nämlich auf die für genaue Feldstudien einzig vernünftige Idee: Mit seinen Helfern beobachtete er immer nur ein bestimmtes Individuum über möglichst den ganzen Sommer, tagein, tagaus. Nach drei Sommern der Beobachtung am selben, immer wieder nach Worcestershire zurückkehrenden Weibchen war er in der Lage, so genaue Vorhersagen zu machen, wann dieser Vogel wo sein Ei ablegen würde, dass er ein Filmteam bestellen konnte, um den Akt der Eiablage zu dokumentieren: Nach einer etwa halbstündigen reglosen Beobachtung des Nests fliegt das Weibchen plötzlich auf das Nest zu, greift sich eines der Eier der Wirtseltern, hält es im Schnabel und legt sein eigenes Ei dazu. Der ganze Akt dauert etwa zehn Sekunden und ist der letzte Moment, in dem sich das Weibchen um das Junge kümmert.

Wobei man sich, wenn es der Kuckuck geschafft hat, aus seinem Ei zu schlüpfen, keine größeren Sorgen um ihn machen muss. Ein junger Kuckuck, der gerade das Nest verlassen hatte, wurde während einer siebzig Minuten langen Beobachtung nicht nur von seinen Bachstelzen-Pflegeeltern gefüttert. Vorbeifliegende Gartenrotschwänze, Wiesenpieper und Heckenbraunellen versorgten ihn ebenso mit Nahrung, obwohl sie eine eigene Brut in der Nähe hatten. Wie es der Kuckuck in diesem Alter, in dem er sich von Erwachsenen kaum noch unterscheidet, schafft, so viel Zuwendung zu erschleichen, ist noch ein Rätsel. Fliegend würden ihn selbst seine Wirtseltern attackieren.

Von allen Strategien, die Kuckucksvögel entwickelt haben, um sich die Brut und Aufzucht der Jungvögel nicht selbst aufzubürden, ist die des Häherkuckucks die bei Weitem komplexeste. Während der auch hierzulande verbreitete und wegen seines eintönig melodischen Revier- und Werberufs gut bekannte Gemeine Kuckuck seine Eier mit Vorliebe in die Nester sehr viel kleinerer Vögel wie Teichrohrsänger legt und sich danach nicht weiter um die Jungen kümmert, gehen Häherkuckucke *(Clamator glandarius)* anders vor. Sie legen ihre Eier auch in die Nester größerer Vögel wie Elstern und Krähen. Häherkuckucke brüten im mittleren Osten, in Afrika und in den südlichen Mittelmeergebieten in Frankreich, Italien und Spanien.

In Spanien war es auch, wo in den Bergregionen der Sierra Nevada die Vögel seit 1982 in einer aufwendigen Studie über mehrere Jahre von Verhaltensbiologen der Universität Grenada beobachtet wurden. Aufwendig war dies vor allem, weil

Dass man Kuckucke eher hört als sieht, hat auch mit ihrer Versteck-
bereitschaft zu tun.

man es hier auf allen Seiten mit herausragenden Beobachtern zu tun hatte. Besonders Elstern, die nach neueren Forschungen neben Menschen, Schimpansen, Delfinen und Elefanten zu jenen Tieren gehören, die sich selbst im Spiegel erkennen, verfügen über eine herausragende Beobachtungsgabe. Aber wie schaffen die Häherkuckucke es bloß, ihre Jungen gerade von den erfahrensten Elstern mit den größten Nestern und den besten Revieren großziehen zu lassen?

Wahrscheinlich ist kaum ein Vogel so blöd, nicht zu bemerken, dass ihm ein fremdes Ei ins Nest gelegt worden ist. Tatsächlich verließen auch manche Elsternpaare ihre Nester, nachdem ihnen ein Kuckucksweibchen ihr Ei hineingelegt hatte, und bauten sich ein neues. Das waren aber nur wenige. Warum also tolerieren die Elstern die Kuckuckseier und -kinder?

Um darauf eine Antwort zu finden, mussten die Forscher auf eine gewisse Art selbst Kuckuck werden. Häherkuckucke verhalten sich nämlich in einer Weise als fürsorglich, wie man sie vom Gemeinen Kuckuck nicht mal in Ansätzen kennt. Häherkuckucke legten ihre Eier prinzipiell nur in die Nester erfahrener Elstern, die man sehr gut an ihrer Größe erkennen kann: Je erfahrener ein Elsternpaar, desto größer das Nest. Erfahrene Elstern sind aber alles andere als wehrlos; wie kommen die Kuckucke also an das Nest? Hierbei zeigen die Kuckuckspaare den ersten Teil ihres taktischen Vermögens. Nachdem sich zwei gefunden und nach Kuckucksart mit einem vom Männchen angebotenen großen Schmetterling im Schnabel gepaart haben, trennen sie sich nicht, sondern bleiben zusammen. Gemeinsam studieren sie dann die Elstern sehr genau, bis sich nur eine von ihnen am Nest befindet. Worauf sich das Männchen auffällig absichtsvoll dem Nest nähert, um entdeckt und schließlich verfolgt zu werden, während sich das Weibchen ins Nest schleicht und ihr Ei legt. Was rasend schnell geht und höchstens zehn Sekunden dauert. Ein Vorgang, den das Kuckuckspaar noch zwei- oder dreimal wiederholen kann, sodass am Ende drei oder vier Kuckuckseier zwischen denen der Elstern liegen. Und auch wenn die Kuckucksküken vier oder fünf Tage vor den Elstern schlüpfen, werfen sie weder die anderen Eier noch die Küken aus dem Nest, wie es der hiesige Gemeine Kuckuck nach dem Schlupf tut.

In der Folge ziehen die Elstern die Kuckucksküken mit ihren eigenen Jungen groß, wobei es aber immer noch vorkommen kann, dass die Elstern irgendwann die eigenen Küken bevorzugen und die Eindringlinge vernachlässigen. Ein Akt, der nach allem, was man bis dahin von Kuckucken wusste, folgenlos hätte bleiben müssen. Denn ob die Jungen tatsächlich großgezogen werden, kann eigentlich nur durch regelmäßige Kontrolle der Gasteltern sichergestellt werden, und das hatte man Kuckucken doch nicht zugetraut. In der Sierra Nevada war aber genau das der Fall: Die Kuckucke beobachteten das Gedeihen ihrer Brut und Jungen im fremden Nest und reagierten im Falle der Vernachlässigung durch die Wirtseltern heftig. In nicht wenigen Fällen zerstörten sie deren Nester samt Eiern oder schon geschlüpften Küken. Mit dem merkwürdigen Resultat, dass so traktierte Elstern nach erneutem Nestbau die fremden Küken akzeptierten.

Wobei »fremd« hier den Tatbestand etwas missverständlich beschreibt. Denn beide Elternpaare – die Kuckucke wie die Elstern – beobachten sich ständig und kennen sich offenbar mittlerweile so gut, dass sie ihre jeweiligen Reaktionen kalkulieren können.

In der Luft

Der Philosoph der Luft, der Vorsokratiker Anaximenes, hielt die Luft für den Urstoff überhaupt. Aus der Luft konnte alles werden und entstand auch tatsächlich alles: Wasser und Steine durch Verdichtung, Feuer durch Verdünnung. Um aber so schöpferisch wirken zu können, musste die Luft verwandelt werden, sie musste in einen anderen Zustand überführt werden, und das schaffte sie nicht allein. Anaximenes schrieb die Verwandlungsfähigkeit zwar der Luft zu, verwandeln musste sie aber eine Urkraft, die sich des Urstoffs annahm, um ihn zu bearbeiten. Das belebende Prinzip fand er aber im Stoff, in der Luft selbst, und darin kann man ihm bis heute folgen. Ohne Luft gibt es kein Leben, kein tierisches und kein pflanzliches, weder an Land noch im Meer.

Widersprechen muss man Anaximenes aber in einer zentralen Annahme seiner Philosophie des Elements Luft. Er hielt die Luft für in jeder Beziehung unbeschränkt, was sie natürlich nicht ist. Die Luft ist so endlich wie jedes individuelle Leben auch, vor allem aber ist sie nicht grenzenlos belastbar. Als sauerstoffhaltiges Gemisch, als das sie in unserer Welt buchstäblich existiert, ist sie abhängig von ihren Produzenten, Algen und Pflanzen, und deren Reproduktion. Der große Insektenexperimentaldichter Jean-Henri Fabre hat 1857 in einem Vortrag mit dem Titel *Die Luft* mit dem Verweis auf ein physikalisches Experiment drastisch und plastisch darauf hingewiesen. »Man bringt ein lebendes Tier, zum Beispiel einen Vogel, unter die Glocke einer Vakuumpumpe«, schrieb er und fuhr fort: »In dem Maße, wie, angesaugt von der Pumpe, die Luft verschwindet, beginnt der Vogel zu taumeln, windet sich in gräulich anzusehenden Ängsten und sinkt sterbend hin. Zögert man nur einen Moment, die Luft wieder in die Glocke eintreten zu lassen, dann ist das warme Wesen tot, ein für alle Mal, und nichts kann es wieder zum Leben erwecken.«

Fabre schildert dann nicht weniger eindringlich, wie die Luft durch das Atmen verbraucht wird und für ihre Erneuerung auf die Pflanzen angewiesen ist. »Die durch die tierische Atmung usw. in die Atmosphäre einströmende Menge kohlensauren Gases ist ungeheuer«, notiert er in der Zusammenfassung seines Vortrags. Dass er 1857 von Autos, Silvesterböllern und anderen Produzenten kohlensauren Gases noch nichts wissen konnte, kann man ihm nicht vorwerfen. Zumal er von den Folgen der Überproduktion kohlensauren Gases in der Luft ja deutlich genug berichtet hat. Hinzuzufügen wäre nur, dass in Zeiten des Klimawandels Vögel keine Vakuumpumpe mehr benötigen, um taumelnd tot umzufallen. Im vom Klimawandel besonders betroffenen Australien häufen sich die Berichte von an besonders heißen Tagen tot vom Baum fallenden Vögeln, sodass man sie schon für »normal« halten kann.

Für Tiere, die es wie keine andere Tierform – auch Fledermäuse leben nicht annähernd so ausdauern in der Luft wie viele Vogelarten – geschafft haben, das Element der Luft zu ihrem Lebensraum zu machen, ist dies paradox. Vögel schätzen nämlich warme Luft. Denn ohne warme Luftmassen, besonders die als regelrechte Blasen von der Erde aufsteigenden Thermiken, könnten viele Vögel gar nicht so ausdauernd fliegen, wie man es zum Beispiel von Mauerseglern, Albatrossen und Geiern kennt. Die mit ihrem Körpergewicht zwischen fünf und zwölf Kilogramm an der oberen

Grenze der Flugfähigkeit operierenden Geier könnten ohne Thermiken gar nicht in Kilometerhöhe in großen Schleifen übers Land patrouillieren, um nach Aas Ausschau zu halten. Und selbst wenn sie es mit Flügel- und Körperkraft schaffen würden, länger in der Luft zu bleiben, kämen sie, den Kropf mit Aas gefüllt, nicht mehr zurück zum Nest, um ihre Jungen zu füttern.

Geier können ohne Weiteres Nahrung für die Jungen in einer Entfernung von hundert und mehr Kilometern von ihren Nestregionen suchen. Vor allem, wenn sie Nahrung zu sich genommen haben, nutzen sie auf dem Rückflug einen besonderen Trick, den man auch als Thermik-Hopping bezeichnen kann. Die Geier lassen sich in einer Thermik bis zu tausend Meter hochtragen, gleiten dann um die zehn Kilometer und fliegen in die nächste Thermik ein. Wenn Thermiken dabei säulenartig nebeneinanderstehen, schaffen es die Vögel, dreißig Kilometer zu segeln, ohne auch nur einmal mit den Flügeln zu schlagen. Aber einfach ist das nicht. Thermiken – über heißen Landstrichen oder auch nur stärker erwärmten Flächen in der Landschaft aufsteigende, teilweise riesige, blasenförmige Warmluftballen – haben ein kompliziertes Innenleben und in der Regel eine begrenzte Lebensdauer von etwa einer halben Stunde. In einer Thermikblase ist es nur ein relativ kleiner Bereich, der ständig aufwärts zieht. An den Rändern der gigantischen Ringwirbel in der Blase zieht die Luft jeden Vogel nach unten. Deshalb betont der Vogelflugforscher Werner Nachtigall neben der Aerodynamik, die die unabdingbare Voraussetzung der Nutzung der Warmluftblasen ist, vor allem das Vorhandensein einer verhaltensmäßigen Strategie der Thermiknutzung und die sensorische Ausstattung zum Finden der richtigen Aufwindstellen als Bedingungen des Segelns in Thermiken. Was hier so technisch klingt, bedeutet nichts anderes, als dass sich uns der Zugang zur Tatsache verschließt, was es heißt, als ein Vogel zu empfinden und zu denken.

Im Element der Luft zu leben erfordert ganz andere Sensorien und Empfindlichkeiten als der immer schwerfälligere Landgang. Der junge Hegel, der später der Phänomenologe des Geistes und der Denker des menschlichen Selbstbewusstseins wurde, ahnte etwas davon, als er die Vögel von den anderen Tieren trennte, »weil sie den Gesang (haben), den die anderen entbehren, weil sie dem Elemente der Luft angehören – artikulierende Stimme, ein aufgelösteres Selbst«. Und die Stimme, das ist für den jungen Hegel »tätiges Gehör, reines Selbst, das sich als Allgemeines setzt; Schmerz, Begierde, Freude, Zufriedenheit ausdrückend, ist sie Aufheben des einzelnen Selbst, dort Bewusstsein des Widerspruchs, hier Zurückgekehrtsein in sich, Gleichheit«. Und viel schöner, als in dieser Aufzählung versammelt, kann man all das, was Vögel als Lebewesen der Luft mit ihrem Flug und ihrem Gesang den Menschen als Sehnsucht mehr oder weniger laut eingeflüstert haben, nicht sagen.

Laubenvogel | *Ptilonorhynchidae*

Charles Darwins Konzept der sexuellen Selektion hat sich in den letzten Jahren über die Biologie hinaus als fruchtbar erwiesen. Der Literaturwissenschaftler Winfried Menninghaus liest Darwins Überlegungen zu den im Balzritual der Tiere angewendeten Zeichen als Ästhetik, die auch in der Kunst- und Literaturwissenschaft Anwendung finden kann. Während der Historiker Philipp Sarasin besonders die von Darwin betonte verändernde Kraft des wählenden Blicks bei der Partnerwahl in die Geschichts-, Macht- und Gesellschaftsanalyse einführte. Und die Philosophen Gilles Deleuze und Félix Guattari sahen bereits in den 1980er-Jahren in den während des Balzrituals plakathaft eingesetzten Farben, Gesten und Gesängen der Tiere die Kunst in Reinform am Werk. Die australischen Biologen Laura Kelley und John Endler haben unter dem Titel *Illusions Promote Mating Success in Great Bowerbirds* vor einigen Jahren eine Studie veröffentlicht, in der alle von den Geisteswissenschaftlern angesprochenen Aspekte berührt werden, ohne dass die Biologie dabei zu kurz kommt. Es geht in der Arbeit von Kelley und Endler um die Balzrituale männlicher Graulaubenvögel *(Chlamydera nuchalis)*, wie die *Great Bowerbirds* auf Deutsch heißen, und ihre Wirkungen auf die weiblichen Vögel. Wobei das über die Biologie der Vögel hinausweisende Ergebnis ihrer Studie ist, dass die Männchen die Weibchen während der Balz in eine bestimmte Sichtposition drängen, in der Effekte optischer Täuschungen über die Gößenverhältnisse bestimmter Gegenstände besonders wirksam sein könnten. Die Möglichkeitsform muss in diesem Fall bestehen bleiben, weil es keine

Gewissheit darüber geben kann, ob die Weibchen tatsächlich nach den für die menschlichen Beobachter offensichtlichen optischen Täuschungen entscheiden beziehungsweise ob die Vögel sie überhaupt so wahrnehmen, wie Menschen es tun. Man kann die Weibchen schließlich immer noch nicht nach ihren Beweggründen zur Wahl fragen. Was man allerdings machen kann, ist, die Vögel sehr genau bei ihrem Tun zu beobachten. Und Laubenvögel zu beobachten ist selten langweilig, weil die Tiere die meiste Zeit des Jahres mit ihren Balzvorbereitungen beschäftigt sind, in die sie alle möglichen Gegenstände – von der Zahnbürste bis zu Meeresschneckengehäusen – genauso einbeziehen, wie sie Geräusche jeder Art – von einer sich drehenden Betonmischmaschine bis zum Geplapper von Bauarbeitern an Baustellen – in ihre Gesänge einbauen.

Die zwanzig Arten der Familie der Laubenvögel – wissenschaftlich *Ptilonorhynchidae* – kommen nur in Australien und Neuguinea vor. Es handelt sich bei ihnen um mittelgroße – 22 bis 37 Zentimeter lange –, kompakt robust gebaute Vögel mit einem in der Regel dicken und kräftigen Schnabel, den sie auch brauchen. Ihren Namen haben die Vögel bekommen, weil die Männchen für ihren Balztanz sogenannte Lauben bauen. Das sind aus zwei in die Erde gesteckten kräftigen Ästen bestehende Wände, die in der Mitte einen Durchgang für das Weibchen frei lassen, in dem es sich während der Balz aufhält. Manche Vögel überdachen die Laube, andere lassen sie nach oben offen.

Bei manchen Arten wie dem Flammenlaubenvogel *(Sericulus ardens)*, dessen Gefieder in sattem Rot und Gelb leuchtet, sind die Männchen tropisch bunt gefärbt. In solchen Fällen sind die Lauben meist eher von schlichter Baukunst gezeichnet und werden auch nicht sonderlich kunstvoll dekoriert. Anders ist das bei den eintöniger gefärbten Arten wie den Graulaubenvögeln und dem Seidenlaubenvogel *(Ptilonorhynchus violaceus)*. Beide Arten sind Meister des Laubenbaus und der Dekoration. Manche der sehr hübsch, aber einfarbig indigo-blauen Seidenlaubenvögel scheinen sich dabei in der Farbvorliebe der Gegenstände, die sie um ihre Lauben legen, zu spiegeln. Bis zu 200 tiefblaue Gegenstände kann ein Männchen sammeln und um seine Laube drapieren. Das können Federn, Früchte und Steine sein. Je näher sie aber menschlichen Siedlungen kommen, desto künstlicher werden ihre zur Schau gestellten Dinge. In einem Fall waren es Zahnbürsten, Wäscheklammern, ein Babyschnuller und die Deckel dieser blauen kleinen Campinggasflaschen. Der Vogel hat die Gegenstände so sorgfältig und farbharmonisch vor seine Laube gelegt, dass es für einen menschlichen Betrachter fast unmöglich ist, dabei nicht an skulpturale Kompositionen zu denken.

Ähnliches muss man von der Laube eines Graulaubenvogels, die man in der Nähe der australischen Stadt Darwin gefunden hat, sagen. Mehr als 12.000 Schneckenhäuser, Steine und Knochen hat der Vogel eingesammelt, alle in fein abgestimmten Grauweiß-Tönen, und vor seine Laube gelegt. Die Dekoration wog in dem Fall mehr als zwölf Kilogramm, der sammelnde Hahn gerade mal vierzig Gramm.

Bei Graulaubenvögeln kommt noch hinzu, dass sie eine Laube von über einem halben Meter Länge bauen. Der Gang in der Laube, in der englischsprachigen Literatur durchgängig als *avenue* bezeichnet, führt regelmäßig von Norden nach Süden. Die Weibchen betreten während der Balz die Laube von der südlichen Seite und beobachten das vor dem

Nordeingang seine Zeremonie aufführende Männchen aus dem Laubengang. Vor dem Nordeingang hat der Hahn auch seine Schnecken, Steine und Knochen angeordnet. Vor dem Ensemble der weißgrauen Gegenstände führt dann der Hahn seinen Tanz auf. Dabei verbeugt er sich, stellt seine Scheitelkammfedern auf, singt und dreht immer wieder zwischendurch eine Runde im schnellen Lauf um die Laube. Wieder vor dem Eingang angekommen, greift er mit dem Schnabel farblich mit der weißgrauen Dekoration kontrastierende Dinge. Das können rote Wäscheklammern, bläuliche Muschelschalen oder grüne Früchte sein. Diese mehr oder weniger leuchtenden Sachen schwenken die Hähne mit dem Schnabel vor dem Weibchen auf und ab, werfen sie manchmal in die Höhe oder donnern sie aggressiv auf die Steine am Boden. Es ist die Kombination aus der Laube, der Dekoration und der Performance des Männchens, nach der die Weibchen ihre Wahl treffen.

Die Wahl der Weibchen fällt dabei äußerst selektiv aus. Viele Männchen schaffen es nie, ein Weibchen von sich zu überzeugen, während wenige andere bevorzugt gewählt werden. Das ist alles seit Längerem bekannt, und die Forschung hat sich über Jahrzehnte immer einigermaßen stur auf die Betrachtung der tanzenden und singenden Männchen konzentriert. Erst seit einigen Jahren fragt man auch nach den Kriterien der wählenden Weibchen. Also nach den akustischen, optischen oder geruchlichen Effekten, die während der Balz das Weibchen tatsächlich erreichen und ihre Wahl beeinflussen. Laura Kelley und John Endler fügen sich in diese neue Richtung der Forschung, indem sie danach fragten, was das Weibchen, wenn es vom Laubengang aus zusieht, überhaupt sehen kann. Aus der Blickperspektive des Weibchens fanden sich im Aufbau der Dekoration einige Anordnungen, die optische Täuschungen ermöglichen. So hatten die Männchen die Steine und Schnecken so angeordnet, dass die kleineren immer nah am Eingang der Laube lagen und die Größeren sich zum Ende in größerer Distanz zum Blickstandort des Weibchens befanden. Diese Anordnung könnte im Blickfeld der Weibchen aus der Laube heraus eine optische Täuschung begünstigen, die den vom Männchen im Schnabel geschwungenen Gegenstand größer erscheinen lässt, als er ist. Dadurch könnten Effekte optischer Täuschungen einen Einfluss auf die Partnerwahl haben. Wohlgemerkt: könnten. Betonen muss man in diesem Zusammenhang aber, dass diese wie auch andere Formen der Täuschung nichts mit dem menschlichen Lügen zu tun haben. Tiere, also auch Vögel, lügen nicht. Ihre Täuschungen bleiben immer situativ und spinnen sich nie zu – womöglich über Generationen fortgesponnenen – falschen Erzählungen aus. Sie bleiben immer spezifisch an den Moment und den Akt der Täuschung gebunden.

Leierschwanz | *Menura*

Auf die Frage, woher die teilweise übergroßen Merkmale mancher männlicher Tiere wie die überlangen Schwanzfedern von Fasanen- und Pfauenhähnen kommen, gab Charles Darwin eine klare Antwort: Es gibt diese Merkmale, weil sie gewählt worden sind, und gewählt haben sie die Weibchen. Es stand für Darwin außer Frage, dass es die Weibchen sind, die in Populationen, in denen es mindestens zwei Geschlechter gibt, die Wahl treffen, die dann zur geschlechtlichen Fortpflanzung führt. Weil ein Weibchen von einer zufällig bei einem Hahn auftretenden langen Feder so beeindruckt war, dass sie ihn gleich zum Partner nahm und Nachkommen mit ihm zeugte, konnte sich die eine Feder über Generationen zum prächtigen Pfauenschwanz auswachsen, mit den vielen Federaugen darauf.

Am Anfang dieser Entwicklung stand also eine zufällige Begegnung und ein wählender Blick. Darwin bezeichnete diesen Akt als sexuelle Selektion. Dass Darwin diesen Mechanismus der Partnerwahl als eine Überlagerung von Kultur und Natur verstand, wird schon aus dem Titel seines zweiten Hauptwerks deutlich, der 1871 erschienenen Abhandlung über *Die Abstammung des Menschen*, in der er die Theorie der sexuellen Selektion entwickelt. Der Mechanismus der sexuellen Selektion, in Gang gebracht durch den wählenden Blick eines Weibchens, kann in allen in Geschlechter geteilten Populationen auftreten, bei den Menschen und den Tieren. Von Bedeutung ist, dass Darwin unter dem Mechanismus der Wahl nur eine Möglichkeit verstand, die stattfinden kann und ihre Wirkungen zeitigt, wenn aus der Verbindung Nachkommen hervorgehen und sich eine Tradition der Wahlwiederholung in der Population etabliert. Darwin wollte damit aber ausdrücklich kein Naturgesetz formulieren. Die Wahl kann in der Richtung stattfinden, dass sie überauffällige Merkmale betont, sie muss es aber nicht. Es ging ihm um die verändernde Kraft, die in der Materialität des Blicks liegt. Eine Erkenntnis, die allerdings schon zu Darwins Zeiten nicht neu war. Für Menschengesellschaften haben vor und nach Darwin Theoretiker wie Hegel und Frantz Fanon die körperbildende – genauer: körperbeugende Kraft vor allem des »verachtenden Blicks« (Hegel) immer wieder betont. Der verachtende Blick, den Hegel vor allem im Verhältnis des Herren zum Knecht registrierte, wird bei Frantz Fanon zum Blick des Kolonisators auf den Kolonisierten. Man kann in der körperbildenden Kraft des Blicks eine Tatsache sehen, die die Trennung von Natur und Kultur unmöglich macht. Die Geschichte der Trennung von Natur und Kultur gehört zur »anthropologischen Maschine«, als die Giorgio Agamben die scheinbar ewige Suche nach der Grenze zwischen Kultur und Natur durch Menschen kennzeichnete. Agambens Begriff erweist sich insofern als hilfreich, als er die Möglichkeit beinhaltet, diese Maschine – wie jede andere Maschine auch – abstellen zu können. Und mit Ambrose Pratts *Menura. Prächtiger Vogel Leierschwanz* – 1933 erschienen und 2011 auf Deutsch – liegt ein wunderbares Dokument vor, das als Sand im Getriebe der anthropologischen Maschine wirken kann. Die Leierschwänze gelten als eines der herausragenden Beispiele der Wirkung von Darwins sexueller Selektion. Die zwei Arten der Gattung *Menura*, wie die Leierschwänze wissenschaftlich heißen, der Braunrücken-Leierschwanz und der Prachtleierschwanz, leben in den subtropischen

MÉNURE lyre.

Leierschwänze tragen ihren Namen zu Recht: Beim Balztanz fächern sie
ihre Schwanzfedern in Form einer Leier auf.

Bergwäldern an den südöstlichen Meeresküsten Australiens oberhalb von Melbourne. Die Federn der fasanengroßen Singvögel sind wie bei fast allen Gesangsvirtuosen unscheinbar, bei den Leierschwänzen grau-braun. Allerdings tragen die Männchen lange, leierförmige Schwanzfedern, die sie während des Balztanzes auffächern können und die dann im Waldlicht hellweiß-silbrig, an manchen Stellen durchsichtig erscheinen. Wer das Glück hat, die Vögel einmal bei ihrem Tanz erleben zu können, wird dabei das Gefühl nicht los, dass sie die Effekte der optischen Täuschung, die sich im Spiel von Waldlicht und Federn beim Betrachter einstellen, kalkuliert einsetzen, da sie so rhythmisch regelmäßig auftauchen.

Da die Vögel aber äußerst scheu sind, schlecht fliegen können und versteckt im Unterholz der Regenwälder leben, wusste man lange trotz andauernder Bemühungen wenig über ihr tatsächliches Verhalten. Das änderte sich erst, als im Februar 1930 ein prächtiger junger Leierschwanzhahn eine Beziehung zu einer verwitweten, einsiedlerisch lebenden Dame namens Edith Wilkinson aufbaute. Der Hahn ließ sie in seine Nähe, baute vor ihr seine zehn bis fünfzehn Zentimeter hohen Erdhügel auf, auf denen die Männchen ihre Gesänge und Fächertänze aufführen. Frau Wilkinson war davon so beindruckt, dass sie Ambrose Pratt, der sich als Ornithologe, Natur- und Tierschützer einen Namen gemacht hatte, einlud, dem Schauspiel beizuwohnen. Was Pratt dann in dem Gesang des Hahnes fand, war damals eine Sensation. Imitationen von zwanzig anderen Vogelarten konnte er im Gesang nachweisen. Dazu kamen die Geräusche von einer Steinzerkleinerungsmaschine, einem »hydraulischen Widder« und Autohupen. Leierschwanzgesänge wurden durch Pratts Bericht zu einem Medienereignis, ihre Lieder im Radio übertragen.

Mit Pratts Buch begann aber auch die Karriere der Leier-
schwänze als Komponistenvorbild in der neuen Musik.
John Cage wie Olivier Messiaen adaptierten Klangfolgen
der Vögel in ihren Werken. Für Messiaen, der einer der
besten Vogelstimmenkenner seiner Zeit war, zählten sie zu
den »größten Musikern, die unseren Planeten bewohnen«.
Die in der Tonart Es gehaltenen Gesänge, die sich über vier
Oktaven hinziehen, enthalten Stakkati, Glissandi, Tremoli,
Synkopen, Beats und immer wieder perkussive Elemente.
Dieser überbordende musikalische Abwechslungsreich-
tum ließ vom ersten Moment an, als die Gesänge bekannt
wurden, die funktionale Deutung, nach der die Hähne nur
für die Weibchen singen, als ungerechtfertigte Verkürzung
erscheinen. Die Überschüsse in der Klangproduktion und
der verschwenderische Einsatz der Mittel konnten sich nicht
allein auf die Weibchen beziehen. Zumal die Männchen das
ganze Jahr über singen und sich die Paarungszeit nur über
die Monate Juni bis August erstreckt. Hinzu kommt, dass die
Weibchen nur alle zwei Jahre ein Ei legen und die Männchen
sich auch nicht an der Brut und Aufzucht der Jungen betei-
ligen. Dafür muss man wirklich nicht das ganze Jahr singen
und alle möglichen Geräusche und Töne aus der Umgebung
daraufhin untersuchen, ob sie in einen Gesang passen, der
sich zudem im Laufe des Lebens eines Hahnes immer wieder
verändern kann.
Vieles spricht dafür, dass die Leierschwänze ihre Gesänge in
einer Art selbstgenügsamem Akt komponieren, der vor allem dem Sänger selbst Vergnügen bereiten und gefallen muss.
Sie singen also nicht nur für die Weibchen, sondern auch für
sich selbst. Aber auch damit ist noch nicht die ganze Bedeutung der Lieder erfasst. Denn die Leierschwänze sind durch

ihre Imitationen von Tönen aus der Umwelt auch zu Doku-mentaristen geworden. So findet man heute noch in ihren Gesängen Töne von Vogelarten, die längst ausgestorben sind. In einem Fall fand man bei einem Sänger 1969 die Melodien von in den Dreißigerjahren populären Liedern: Der Hahn variierte und überlagerte die Töne der Schlager *Mosquito Dance* und *The Keel Row* noch zu einer Zeit, als in Australien außer Spezialisten die Songs niemand mehr kannte.

Heute, da die Regenwälder Australiens genauso wie alle anderen Regenwälder Tag für Tag kleiner werden, sind die Gesänge der Vögel, in denen auch die Motorsägen und Trucks der Holzfäller nachklingen, zu Dokumentationen der fortschreitenden Zerstörung ihrer Lebensräume geworden. Wer will da noch behaupten, die Vögel wüssten nicht, wovon sie singen? Und: Wer will in der aktuellen Gemengelage des Leierschwanzlebens die anthropologische Maschine anwer-fen, um die Scheidewand zwischen Kultur und Natur wieder aufzurichten?

Mäusebussard | *Buteo buteo*

Der Schrei war erschreckend, durchdringend und machte einen kurz zittern. Dass er nicht von einem Menschen kam, war klar. Weil er aber so anhaltend hell und nicht nachlassend den halben Viktoriapark auf dem Berliner Kreuzberg beschallte, wollte man trotz des Schreckens wissen, woher er kam. Auf einer Grasfläche neben dem Rosengarten saß ein Mäusebussard und schaute kurz auf, bevor er wieder mit einem schnellen Kopfstoß auf den schwarzen Körper in seinen Greiffüßen einhackte, während viele kleine schwarze Federn sich um seinen Schnabel langsam in der Luft verloren. Mit seinen Greifkrallen hielt der Bussard eine noch lebende Amsel fest, und die war der Urheber dieses Schreis.

»Jedes Tier hat im gewaltsamen Tode eine Stimme, spricht sich als aufgehobenes Selbst aus«, hat der junge Hegel in einer Vorlesung, die er 1805/06 in Jena hielt, gesagt und damit den Tieren ihr Eigenes, ihr Selbst genau im Moment des gewaltsamen Todes zugesprochen. Und es war in diesem Moment, im Schall des Amselschreis, schwer eine schlagendere Evidenz einer Hegel'schen Formulierung vorstellbar. Denn zweifellos war der anhaltend lang gezogene Schrei des Amselhahns sein eigenster Ausdruck.

Es gibt aber noch eine andere Verbindung des Philosophen der Negativität, der vielen als oberabstrakt und totalitär gilt, zum Kreuzberg, die nicht weniger konkret ist als das im Todesschrei der Amsel auftauchende negative Selbst. Hegel hatte sich im Sommer 1831, dem letzten seines Lebens, aus seiner Stadtwohnung am Kupfergraben dorthin zurückgezogen, um der aus dem Osten auf Berlin zukommenden

Cholera auszuweichen. Nur ein paar hundert Meter vom seinen Hunger stillenden Bussard entfernt hatte er mit seiner Frau, Freunden und viel Wein in seinem »Schlösschen am Kreuzberg« einen heiteren Sommer in Kreuzberg verbracht, das damals noch nicht mal ein Vorort von Berlin genannt werden konnte.

Dabei war der als preußischer Staatsphilosoph geltende Systemdenker alles andere als staatsfromm gestimmt. »Und käm's, wie's längst mich drängt, doch loszuschlagen«, hat Hegel in diesem schönen Sommer in einem Gedicht geschrieben und damit den politischen Aufstand des Volkes gemeint, zu dem es ihn in der heiteren Ruhe des Sommers hinzog. Und den Ursprung genau dieses zu sich selbst gekommenen Bewusstseins des Individuums wie des Volkes hatte er einst als junger Mann in der Stimme der Tiere aufkeimen sehen, um Stimme wie Tiere dann allerdings in der Folge seines entwickelten Systems der Geist- und Bewusstseinsphilosophie wieder ganz zu vergessen.

Was heute kaum noch möglich ist, zumindest, wenn man ganzjährig am Kreuzberg lebt. Seit ein paar Jahren nämlich lebt ein Bussardpaar im Park. Und wenn es es, wie in den letzten drei Jahren, schafft, ein Junges großzuziehen, ist zumindest der flügge gewordene Nachwuchs nicht zu überhören. Immer dann, wenn im Spätsommer der Moment kommt, an dem die Elternvögel langsam, aber sicher ihre Fütterungen einstellen und das Junge sich seine Beute selbst fangen muss, sind seine sehr hellen und sehr weit reichenden Bettel- und Verlassenheitsrufe gegenüber den alten Vögeln nicht mehr zu überhören und Park- wie Stadtteilgespräch. Manchmal sitzt der junge Bussard dann über Wochen auf Dächern, Balkonen oder in den Baumgipfeln und ruft ununterbrochen nach

Futter oder auch nur um Hilfe. Und so pittoresk die Alten aussehen, wenn sie fliegend eine gefangene Ratte auf einen hohen Ast bringen, um die Beute in Ruhe oben zwischen ihren Greiffüßen zu zerhacken, so erbarmungslos erscheint ihre Ungerührtheit gegenüber dem Nachwuchs. Am Ende des Winters ist das Elternpaar dann auch meist wieder allein und beginnt mit dem Nestbau.

Ein Nest haben sie bisher jedes Jahr neu in immer einem anderen Baum gebaut. Währenddessen die beiden Vögel sehr geschäftig sind, hört man ihre typischen »Hiää«-Rufe relativ häufig. Von unten sieht das oft sehr umständlich aus. Einer kommt mit einem langen Ast angeflogen, der irgendwie zu lang ist, hier nicht passt und da auch nicht und dann wieder fallen gelassen wird. Ein Nest zu bauen ist generell keine einfache Sache. Dass die Bussarde es jedes Jahr neu bauen, obwohl das alte doch noch da ist, hat seinen Grund wahrscheinlich darin, dass der Nestbau selbst ein rhythmisches Zeremoniell ist, in dem das Paar sich in seinen Bewegungen und Regungen aufeinander einstimmt.

Bussarde gelten unter den Greifvögeln nicht als die aktivsten. Sie stehen später auf als andere Vögel, gehen dafür aber auch früher schlafen und können ihre Tage mit stundenlangem Rumsitzen auf allen möglichen Aussichtsplätzen verbringen. Da sie auch Aas fressen, müssen sie zum Beispiel an viel befahrenen Straßen nur warten, bis die Autos ihnen den Beutefang abgenommen haben. Da Bussarde als Segelflieger auf Thermik angewiesen sind, hilft ihnen der Straßenverkehr auch in Städten, in denen nicht überall so oft warme Luftströme aufsteigen wie vom höher gelegenen Kreuzberg. Am Kreuzberg scheinen die Bussarde außer den sie oft attackierenden Krähen überhaupt keine Feinde zu haben.

Meise | *Paridae*

Rosa Luxemburg wurde, während sie im Frühjahr 1917 in Wronke in »Schutzhaft« einsaß, in besonderer Weise von der Vogelwelt affiziert. Wie sie in Briefen aus dem Mai des Jahres an ihre Freundin Sophie Liebknecht schrieb, hatte sie das erste Mal im Gefängnis den aufgeregten Ruf eines Wendehalses ebenjenem Vogel zuordnen können – einem Kleinspecht, der sich hauptsächlich von Ameisen ernährt. Was sie sonst nur gehört hatte, konnte sie ab dem Moment einen Namen geben, und das freute Luxemburg sehr. Zur selben Zeit hatte sie aber auch ein Buch über die Gründe des Verschwindens der Singvögel gelesen, das sie taurig machte. Als Erklärung für dieses ihr selbst übermäßig erscheinende Mitgefühl für Vögel und Tiere im Allgemeinen hatte Luxemburg hinzugefügt, dass sie manchmal das Gefühl habe, kein richtiger Mensch zu sein, »sondern auch irgendein Vogel oder ein anderes Tier in Menschengestalt«. Und auch wenn sie hoffe, auf ihrem »Posten«, in einer Straßenschlacht oder im Zuchthaus, zu sterben, gehöre ihr innerstes Ich doch mehr ihren Kohlmeisen als den Genossen.

Dabei lausche sie nicht nur den Kohlmeisen einige Erkenntnisse ab, die gerade erst in den letzten dreißig Jahren zum Bestand der Forschung geworden seien. Sie verstehe die verschiedensten Nuancen und Empfindungen, die die Vögel in ihre Laute legten; nur dem rohen Ohr eines gleichgültigen Menschen sei ein Vogelgesang immer ein und dasselbe. Wer die Tiere liebe und für sie Verständnis habe, finde im Gesang die große Mannigfaltigkeit des Ausdrucks, »eine ganze Sprache«.

Die Kohlmeiße — Parus major — Linn.
1 Männchen. 2 Weibchen.

Meisen schaffen es, mit wenigen Elementen eine ganze Sprache zu entfalten, die jeden Menschen im Park individuell zu beschreiben vermag.

Genau diese ganze Sprache haben vor allem Forschungs-
gruppen aus Großbritannien und Skandinavien in den letzten Jahren besonders bei Kohlmeisen gefunden. Man wusste
schon lange, das Kohlmeisen neben ihrem relativ einfachen,
aus ein- bis viersilbigen Strophen bestehenden »Zi-zi-bä-
bä«-Gesang über ein vielseitiges Rufrepertoire verfügen, das
manchmal den Rufen anderer Vogelarten zum Verwechseln
ähnlich ist. Was man aber nicht wusste, war, dass Kohlmeisen
– und sehr wahrscheinlich auch andere Meisenarten – diese
Rufe wie eine Syntax einsetzen. Es gelingt ihnen so, mit einem relativ überschaubaren Material an Elementen, Silben
und Strophen ihre Töne wie Sätze zu variieren und die unterschiedlichsten Informationen auszutauschen.

Wahrscheinlich sind sie dadurch auch in der Lage, die
menschlichen Besucher in einem Park nicht nur zu unterscheiden, sondern auch zu benennen – und das zu kom-
munizieren. Wer Meisen füttert, wird dieses Phänomen in
seinem Ergebnis kennen. Wer sie ignoriert, wird immerhin
nicht mitbekommen, wenn sie sich sagen, dass man sich vor
dem Deppen da nicht fürchten muss.

Eine Arbeitsgruppe aus Oxford hat kürzlich eine Studie
mit den Begegnungs- und Kommunikationsmustern einer
Population von um die tausend Meisen publiziert. Darin
wurde klar, dass sich die Meisen zur Futtersuche in lockeren
Verbänden organisieren, deren Verbindungen nicht über
Verwandtschaft, sondern über »Persönlichkeitsstrukturen«
hergestellt werden. Wobei man den Fortschritt dieser Wissenschaft daran ermessen kann, dass man noch in 1980er-
Jahren zum Vollidioten erklärt worden wäre, wenn man
von der Persönlichkeit einer Meise gesprochen hätte. Heute
jedenfalls sind Meisen, vor allem Kohl- und Blaumeisen, zu

Paradebeispielen der Persönlichkeitsforschung geworden. Es gibt nämlich unterschiedliche Meisen. Es gibt die mutigen, die zögernden und die sich unkompliziert in kleine Gruppen und deren Gewohnheiten einordnenden Meisen. Die Mutigen zeichnen sich vor allem dadurch aus, dass sie ständig zwischen den kleinen Gruppen hin und her wechseln. Sie halten zu vielen Gruppen Kontakt und müssen dafür in Kauf nehmen, oft ohne den Schutz der Gruppe allein zu fliegen. Wodurch sie zu einer einfacheren Beute von Greifvögeln werden, als es ein Schwarm ist. Vermutlich verhindert dieser Nachteil, dass es in einer Meisenpopulation zu viele mutige Vögel gibt.

Die meisten Meisen sind zurückhaltend und schüchtern, was aber nicht verhindert, dass sie sehr gute Beobachter sind. Das ist zum einen eine Überlebensvoraussetzung, weil junge Meisen alle ihre Feinde lernen müssen – keine Meise kommt mit dem angeborenen Bild eines Sperbers oder Waschbären auf die Welt. Zum anderen ermöglicht die Beobachtungsgabe auch das Lernen am Vorbild sowie die Ausbildung von Traditionen. In England, nicht umsonst das Land der Meisenforschung überhaupt, hatte sich dafür ein von niemandem zu übersehendes Muster herausgebildet. Als dort irgendwann eine Meise begann, die Abdeckung der Milchflaschen, die jeden Morgen vor die Haustür gestellt werden, aufzupicken, um das Fett oben abzutrinken, verbreitete sich die Methode zuerst in der kleinen Ursprungspopulation. Bis ein paar Jahre später ganz England von aus Milchflaschen trinkenden Meisen bevölkert war.

Nachtigall | *Luscinia megarhynchos*

David Herbert Lawrence, den alle Welt nur D. H. Lawrence nennt, war Ende der 1920er-Jahre in der Toskana unterwegs, als ihn der Gesang einer Nachtigall in der Zeit versinken ließ. »Und bevor Buddha oder Jesus sprach, sang die Nachtigall, und lange nachdem die Worte Jesu und Buddhas in Vergessenheit geraten sind, wird die Nachtigall immer noch singen«, schrieb Lawrence in seinem letzten Reisebuch *Etruskische Orte* – und ließ den Grund dafür im unverwechselbaren Lawrence-Sound folgen: »Denn nicht Predigen oder Belehren oder Befehlen oder Nötigen entscheidet. Sondern eben das Singen. Und am Anfang war nicht ein Wort, sondern ein Zwitschern.«

Auch wenn man Lawrence heute insofern korrigieren muss, dass sehr wahrscheinlich die Nachtigall nicht mehr singen wird, wenn Jesus, Buddha und Yoga immer noch die Hirne für die Restzukunft gehörig formatieren, bleibt sein den Nachtigallen nachgeschriebener Sound ja noch hier. Deshalb nur kurz die Fakten: Nach einer 2014 veröffentlichten Studie gab es in Europa im Jahr 2009 rund 421 Millionen Vögel weniger als dreißig Jahre zuvor. Das bedeutet einen Rückgang von zwanzig Prozent in drei Jahrzehnten. Eine Zahl, die sich mittlerweile für die ganze Welt bestätigt hat. Und nach neuesten Erkenntnissen geht der Trend eher rasant in Richtung eines stummen Frühlings, als dass irgendwo nachhaltige Rettung in Sicht wäre.

Nachtigallen-Populationen aber waren in den letzten Jahren zumindest hierzulande relativ konstant, und das hing vor allem damit zusammen, dass sie in Städten und besonders in einer Stadt, nämlich in Berlin, neue Lebensräume gefunden haben. Gerne möchte ich einem Hahn die Ehre erweisen, der mich hier in Berlin über Jahre bemerken ließ, dass jetzt die Blätter bald richtig sprießen. Und es wäre im Sinne des Autors, wenn dabei Lawrence' im englischen Orginal wie immer schönere Stimme mitgehört würde: »Because it is neither preaching nor teaching nor commanding nor urging. It is just singing. And in the beginning was not a word, but a chirup.« Und damit komme ich zu meinem Helden.

Der erste Auftritt wirkte noch etwas improvisiert. Leiser waren manche Töne, während er andere geradezu herauszuschreien schien. Und auch die Übergänge zwischen den Strophen nach den Pausen klangen noch etwas schräg. Manchmal versägte er aber auch die Harmonien in den Strophen ins schrill Kratzende. Es ist ein Nachtigallenhahn. In diesem Jahr, es war 2010, schmetterte er bereits in der Nacht zum 23. April seine Lieder in den Viktoriapark in Kreuzberg. Das war wieder etwas früher als im letzten Jahr. Seit fünf Jahren singt regelmäßig in den Bäumen, die an die Methfesselstraße grenzen, ein Nachtigallenhahn seine Lieder in die Nacht – in den Vorjahren kam er immer in der ersten Maiwoche. Ob es derselbe ist, wissen wir zwar nicht genau, aber wahrscheinlich ist es. Nachtigallen können über Jahre immer wieder an denselben Standort zurückkehren, und von einem Hahn im Treptower Park, den Wissenschaftler der Freien Universität Berlin mit einem Ring gekennzeichnet haben, weiß man genau, dass er seit fünf Jahren, wenn er aus Afrika zurückkehrt, denselben Ort als Revier wählt.

Das spricht – wenn man die Strecke bedenkt zwischen Berlin und dem südlichen Afrika, in dem Nachtigallen ihre Winterquartiere suchen – für eine enorme Navigationsleistung.

Und nicht zuletzt für Geschicklichkeit und Glück. Denn Feinde haben die kleinen, zart wirkenden, grau-braunen Vögel zur Genüge. Es sind das nicht nur andere Tiere, die sie fressen wollen, sondern auch Menschen, die an der Küste Nordafrikas von Marokko bis Ägypten jeden Vogel schlachten, der an ihren Leimruten hängen bleibt.

Dass unser Hahn nach der langen Reise in der ersten Nacht noch nicht zum gewohnten Meistersänger geworden war, ist also mehr als verständlich. Dazu kommt für den Rückkehrer noch ein Unterschied zum gewohnten Revier des letzten Frühjahrs: Seit ein paar Wochen nistet hier erstmals ein Habichtpaar, und die haben unter den Amseln, die den Nachtigallen in der Gesangskunst kaum nachstehen, bereits Angst und Schrecken verbreitet.

Es gab allerdings auch wieder Vertrautes für den Nachtigallenhahn. Nur ein paar hundert Meter weiter begann einige Tage nach dem alten Bekannten wieder ein anderer Nachtigallenhahn zu singen, der schon im letzten Jahr hier war. Das lässt einerseits Raum für Spekulationen und bietet andererseits die Möglichkeit, die beiden Hähne nachts in ihrem nachbarschaftlichen Konkurrenz-Dialog zu verfolgen. Aber zuerst die Spekulation: In Berlin aufgewachsene Nachtigallen landen, wenn sie nach ihrem ersten im Süden Afrikas verbrachten Winter zurückkehren, bevorzugt in der Nähe ihres eigenen Geburtsorts. Häufig aber sind die besten Reviere dann schon von älteren Vögeln besetzt, die etwas eher als die Jüngeren ankommen. Dadurch sind die Jüngeren oft gezwungen, zu Pionieren zu werden und neue Lebensräume zu erkunden und auszuprobieren. Der zweite Hahn im Park könnte also der Sohn des ersten sein, der direkt neben seinem Vater sein Revier bildet. Und schlecht scheint es dort nicht zu sein, sonst wäre er ja nicht zurückgekommen. Seit ein paar Tagen beschallen sie denn auch beide nachts den Park, und das, ohne sich unhöflich ins Wort zu fallen.

Doch der Reihe nach. Nachtigallenhähne zeigen nämlich in ihrem Verhalten einige Charakteristika, die bei allen ähnlich verlaufen. Während unser Hahn zu Beginn tagsüber von verschiedenen, oft für Menschen gut einsehbaren Ästen der oberen Baumschichten sein Territorium singend markiert, sitzt er nachts an immer derselben Stelle. Auch seine Strophen sind dann anders strukturiert. Der nächtliche Gesang enthält eher lang gezogene und wenig frequenzmodulierte Pfeifsilben. Solche Lautformen haben den Vorteil, dass sie weit tragen und schlecht zu orten sind. Damit versucht er, Weibchen anzulocken. Den nachts durch die Stadt ziehenden Weibchen dienen die Laute als Wegweiser zu den Männchen. Wenn die Weibchen eingetroffen sind, treten die Hähne in Konkurrenz zueinander, und die Bedeutung des Signals ändert sich. Die Weibchen beginnen, die Hähne am Gesang zu unterscheiden, und treffen ihre individuelle Wahl. Töne, mit denen die Sänger vorher gemeinsam auf sich aufmerksam gemacht haben, werden jetzt im Wettstreit um die zukünftige Partnerin gegeneinander eingesetzt. Man kann diese Konkurrenz unter den Hähnen auch simulieren. Wenn man einem Nachtigallsänger eine lange, gleichtönende Sequenz ins Lied pfeift, wird er mit großer Wahrscheinlichkeit seinen Vortrag unterbrechen. Und nicht selten nach einer Pause mit einer exakten Kopie dieses Pfiffes antworten. Er hat genau zugehört und den Urheber erkannt, sagt er damit.

Von den verschiedenen Formen, mit denen Nachtigallen aufeinander reagieren können, ist das mustergleiche Antworten eine der beeindruckendsten, vor allem dann, wenn sie sich nicht »ins Wort fallen«, sondern genau in die Pausen des anderen singen. Was man überall in Berlin, wo die etwa 1500 Paare in der Stadt jedes Jahr brüten, zwischen benachbart singenden Hähnen verfolgen kann. In Kreuzberg zum Beispiel neben dem Viktoriapark, im Görlitzer Park und an einigen Stellen entlang des Landwehrkanals. In einem Konzert von bis zu vierzehn Nachtigallenhähnen, die sich gegenseitig hören können, kann man die Vögel sich geradezu in einen konzertanten Rausch steigern hören.

Mit einem Repertoire von mehr als zweihundert verschiedenen Strophen in den Gesängen vieler Hähne – wie bei vielen Singvögeln singen bei Nachtigallen nur diese – sind Nachtigallen hierzulande die variantenreichsten Sänger. Wobei man eine Strophe mit einem Satz der menschlichen Sprache analogisieren kann. Viele der Strophentypen beginnen mit einem ähnlichen Element und unterscheiden sich dann im mittleren und hinteren Strophenteil. Auch das kann man mit menschlichen Sätzen vergleichen. Nur werden Strophen nicht aus Worten gebildet, sondern aus Elementen, Motiven, Silben und Phrasen. Wenn man genau zuhört, wird man besonders wenn es dunkel ist und andere Arten nicht mehr singen den Sängern bei einem regelrechten Dialog folgen können. Einige Hähne singen abwechselnd aufeinander eingestimmt. Hat ein Sänger seine Strophe beendet, setzt der andere seine »Antwortstrophe« höflich genau daran an. Der erste folgt wiederum im selben Rhythmus. Über längere Zeit so einem Dialog zuzuhören kann eines der größten Vergnügen im Frühling in der Stadt sein.

So harmonisch geht es aber nicht immer zu. Manchmal lassen Hähne den Nachbarn nicht aussingen, sondern fallen ihm sozusagen ins Wort – mit dem Ergebnis, dass der

Auch Nachtigallen hört man eher, als dass man sie sieht. Das hat die
scheuen Vögel nicht daran gehindert, in Berlin auch den Alexanderplatz zu besiedeln.

Gestörte seine Strophe abbricht und noch einmal neu ansetzen muss. Der zweitere hat seinen Nachbarn noch nicht akzeptiert und führt im Unterschied zum ersteren, höflichen Hahn den Kampf fort.

Allerdings sind nicht alle Nachtigallen für solche Sing-Wettkämpfe zu haben. Einige Individuen zeigen keinerlei Interaktion und schmettern einfach nur ihre Lieder vor sich hin. Mit Starrsinn hat das allerdings nichts zu tun. Henrike Hultsch vom Institut für Verhaltensbiologie an der FU Berlin, deren Verdienst es ist, Berlin in der Wissenschaftswelt zur »Stadt der Nachtigallen« gemacht zu haben, hat in jahrzehntelangen Experimenten die Hintergründe für dieses Gebaren erhellt. Es sind meist ältere, erfahrene Nachtigallen, die so scheinbar ungerührt vor sich hinsingen. Spielt man ihnen aber Gesänge fremder Nachtigallen – etwa aus Südfrankreich – vor, werden sie schnell wieder dialogbereit. Nachdem sie hörend geschwiegen haben, singen sie nach kurzer Zeit wieder und imitieren dann die eben gehörten französischen Melodien. Es ist der »fremde«, unbekannte Tonfall im arteigenen Gesang, der sie aufhorchen lässt.

Der Gesang enthält über die jeweilige Individualität und Virtuosität des Sängers hinaus noch weitere Hinweise, die ihn für andere erkennbar werden lassen. Nachtigallen erlernen den überwiegenden Teil ihres späteren Repertoires als Nestlinge durch die ihnen zu Ohren kommenden Gesänge der Erwachsenen – des Vaters vor allem, aber in der Regel auch der benachbarten Vögel. Aus diesen Vorbildern kreieren die Jungen später ihre eigenen Lieder, die neben der individuellen Ausformung immer auch so etwas wie die akustische Marke ihrer Herkunftsgegend, einen regelrechten Dialekt, in sich tragen. Daraus erklärt sich die Gelassenheit vieler älterer, etablierter Nachtigallen. Die Töne sind ihnen vertraut – nicht selten sogar von ihnen vorgegeben – und ihre überlegene Erfahrung ermöglicht es ihnen, die jüngeren Herausforderer aus derselben Gegend sozusagen nicht ernst zu nehmen. Die Älteren kennen die Gegend besser und haben dadurch Vorteile bei der Nahrungssuche. Sie sind womöglich die besseren Versorger ihrer Weibchen und deren Nachkommen.

Die Eleganz und Höflichkeit, mit der die beiden Sänger im Viktoriapark nachts ihre Lieder aufeinander abstimmen, ohne sich ins Wort zu fallen, wäre also ein weiteres Indiz für die Eingangsthese, dass es sich hier um Vater und Sohn handelt. Der Alte erkannte den Kleinen am Gesang und fürchtete ihn nicht, sondern nahm die Konkurrenz gelassen.

Gelassener als die Amseln können die Nachtigallen offenbar auch mit den Habichten leben. Denn die Sänger sind nicht scheu, sondern – ein besseres Wort gibt es dafür nicht – heimlich. Ihr abgehackt wirkender Bewegungsablauf macht die Verfolgung schwer. Kaum hat man sie wahrgenommen, springen sie in einen Strauch, laufen oder fliegen mit einem Satz oder Flügelschlag in eine nicht vorhersehbare Richtung. Schon im nächsten Moment können sie wieder gut sichtbar zwischen den Blättern einer Buche auftauchen, wippend und flügelzuckend. Ihre Vorsicht und ihre herausragenden Tarnmechanismen ermöglichen es Nachtigallen in städtischen Lebensräumen, umstellt von Fressfeinden wie Krähen, Hunden, Ratten, Elstern, Waschbären, Katzen oder Habichten, ihre Bestandszahl stetig zu erhöhen.

Pfau | *Pavo cristatus*

Während des pandemiebedingten Lockdowns im Frühjahr 2020 waren in spanischen und italienischen Metropolen vielfach Wildschweine zu sehen, die die menschenleeren Straßen zum gerotteten Gehen schätzen gelernt hatten. Auf den Straßen Madrids sind sogar Pfaue beobachtet worden. Nicht ausgeschlossen, dass sich die Vögel und die Schweine auf den lockdownruhigen Straßen, Parks und Plätzen der spanischen Hauptstadt sogar über den Weg gelaufen sind. Mit der Möglichkeit dieses Zusammentreffens ist auch ein Topos der frühen Verhaltensforschung zurückgekehrt, nämlich: der Pfau und das Schwein.

Der erste, der sich zu dieser scheinbaren Mesalliance äußerte, war Charles Darwin. Als Darwin einen Pfauenhahn sah, der sich bemühte, mit seinen überlangen, schweren Schwanzfedern das berühmte Rad vor einem Schwein zu schlagen, war er alles andere als sprachlos. Der Pfauenmann, schloss er, zeige eben gern seine Schönheit und möchte dabei natürlich Zuschauer haben, sei es nun eine Pute, ein anderer Pfau oder ein Schwein.

Für Darwin war klar, dass Tiere einen Sinn für Ästhetik haben, und dieser Sinn war so etwas wie der Kern seiner Theorie der sexuellen Selektion. Weil es die Weibchen sind, die im bisexuellen Teil des Tierreichs ihre Sexualpartner wählen, können ihren männlichen Partnern übergroße Geweihe, überbordende Prachtgefieder und buntgefärbte Genitalbereiche wachsen. Die Weibchen entscheiden bei der Partnerwahl Darwin zufolge nicht nach Nützlichkeit, sondern nach ästhetischem Gefallen. Und wenn sich erst einmal eine Entscheidung für Hähne mit überlangen, auffällig gemusterten Schwanzfedern wie beim Pfauenhahn in einer Population als Gewohnheit etabliert hat, sind der Evolution unnützer, ihre Träger auch in der Beweglichkeit beeinträchtigender Merkmale Tür und Tor geöffnet.

Mit der Theorie der sexuellen Selektion hatte der sonst so trocken mit Kampf und Knappheit argumentierende Darwin den Raum für Spiel und Kunst in die Evolutionstheorie geöffnet. Ein Raum, der auf dem Weg zur institutionellen Verankerung der Biologie als Wissenschaft an den Universitäten schnell wieder geschlossen werden musste.

Als ein paar Jahrzehnte nach Darwin Konrad Lorenz, einer der Begründer der modernen Verhaltensbiologie, vor der gleichen Szene stand – auch vor Lorenz hatte ein Pfau sein Rad in Richtung eines Schweins geschlagen –, bot er eine völlig andere Erklärung an. Der Radschlag war zu einem angeborenen Verhaltensmuster geworden, das von inneren, aktionsspezifischen Energien angetrieben wird. Steigen diese inneren Energien über einen bestimmten Wert, lösen sie im Pfau eine Handlungsbereitschaft aus, die ihn bestimmte Situationen aufsuchen lassen, um dann in vorprogrammierten Reiz-Reaktions-Schemen sein Balzverhalten abzuspulen, zu dem das Radschlagen gehört. Findet der Pfau dann kein Weibchen, fehlt der passende Schlüsselreiz, und der Pfau muss seine angestaute Energie anlasslos abführen, etwa vor einem Schwein. Auch wenn es Schweinen wahrscheinlich kaum recht wäre, so nebenbei als »anlasslos« verbucht zu werden, ist der Unterschied klar: Während bei Darwin der Pfau wusste, was er tat, und es auch wollte, waltete bei Lorenz nur noch eine Mechanik aus angeborenen Verhaltensmustern und inneren Energien, die sich der Kontrolle des Tieres entziehen.

Zwischen diesen beiden Interpretationen lässt sich bestimmt keine Synthese herstellen, und so schlug der israelische Verhaltensforscher Amotz Zahavi in unserer Zeit eine dritte Interpretation vor. Man müsse aufhören, meinte Zahavi, den langen Schwanz als wirkliches Handicap zu lesen. Im Grunde sage der Pfauenhahn mit seinen Federn nichts anderes zu den Weibchen als: Schau her, ich bin so gut – sprich: ich habe so gute Gene –, dass ich mir diesen schwerfälligen Schmuck leisten kann und trotzdem nicht gefressen werde. Zahavi hat seine als »Handicap-Prinzip« berühmt gewordene Theorie immer als spekulativ verstanden, und wie seine beiden Vorgänger hat er auch nicht in den natürlichen Lebensräumen der Pfauen nachgeschaut, ob die Hähne da wirklich mit ihren Federn so auffallen wie im Zoo oder Stadtpark.

Das tat eher zufällig der Zoologe und Evolutionsbiologe Josef H. Reichholf in einem lichten Dschungel in Sri Lanka. Reichholf war Zeuge eines Leopardenangriffs auf einen Pfau geworden und fand einen Leoparden mit einem Maul voller Federn und einen schwanzlosen, aber quicklebendigen Pfau in einem Baum ein paar Meter weiter. Der lange Schwanz und die Federfarben lassen den Pfau in diesen lichten Wäldern so in der Umgebung aufgehen, dass es, selbst mit einem Fernglas, schwer wird, ihm zu folgen. Der bunte Pfau ist in diesen Wäldern also alles andere als gehandicapt. Er ist hervorragend getarnt im Lichtwirrwarr des Regenwaldes.

Abb. S. 108 – 109: Viel ist über die langen bunten Schwanzfedern des Pfaus in europäischen Parkanlagen spekuliert worden, ohne zu bedenken, wie sie im Dschungel, für den sie gemacht sind, wirken: unauffällig beziehungsweise gut getarnt.

Pinguin | *Spheniscidae*

Pinguine sind vor allem dort beliebt, wo sie eigentlich gar nicht vorkommen: auf der Nordhalbkugel der Erde. Einer Verwechslung europäischer Seefahrer verdanken sie auch ihren Namen. Da sie in ihrer Farbe und Flugunfähigkeit dem einst im Nordatlantik weitverbreiteten Riesenalk ähnelten, erbten sie sozusagen dessen Namen. Vom lateinischen Wort für »fett«, »dick« – *pinguis* – abgeleitet, deutet der zuerst dem Riesenalk gegebene Name »Pinguin« auf zweierlei hin, die schützende Fettschicht der Alken und ihre Nutzung durch den Menschen zur Gewinnung von Öl. Was nicht zuletzt zum völligen Verschwinden der Riesenalke führte. Seit 1844 gelten sie als ausgerottet. Dass den heutigen Pinguinen dieses Schicksal erspart blieb, hängt auch mit ihrem Verbreitungsgebiet zusammen; in ihrem natürlichen Habitat sind sie auf die südliche Hemisphäre beschränkt. Die Entfernung erschwerte den Europäern die kommerzielle Ausbeutung und sicherte den Vögeln das Überleben. Was nicht heißen soll, dass die Seefahrer, Wal- und Robbenfänger ihnen nicht nachstellten. Dazu waren und sind die Vögel zu leicht zu fangen. Pinguine betrachten Menschen mit gleichgültiger Gelassenheit. Die längste Zeit ihrer vor vierzig Millionen Jahren begonnenen Entwicklungsgeschichte verlief ohne menschliche Begleitung. Und auch nachdem der Mensch die Erde erobert hatte, ging man sich noch lange aus dem Weg. Pinguine hatten gar keine Veranlassung, im Menschen einen Feind zu sehen. Sie beobachten ihn deshalb nicht weniger genau als andere Bewegungen in ihrer Umgebung. Nur bietet ihnen ihr Verhaltensrepertoire kein Modell an, mit dem sie

die menschlichen Gebärden an ihre Welt anschließen können. Für Pinguine ist der Anblick von Menschen kein Grund,
die Ruhe zu verlieren.

Umgekehrt gilt das natürlich nicht. Menschen finden bei
fast jedem Tier Eigenschaften und Haltungen, die sie an sich
selbst erinnern. Wenn der Wildlife-Fotograf Frans Lanting in
seinem Pinguin-Buch schreibt, er *müsse* einfach menschliche
Züge an Pinguinen entdecken, wenn er sie beobachte, bringt
er diese allgemeine Tendenz wünschenswert klar zu Papier.
Denn es lassen sich im Verhalten der Pinguine tatsächlich
Ähnlichkeiten zu menschlichen Aktivitäten entdecken. Ob
sie allerdings dazu geeignet sind, eine Brücke zwischen der
Pinguin- und der Menschen-Welt zu schlagen, wie Lanting
meint, bleibt die Frage.

Pinguine bilden die einzige Familie in der Klasse der Vögel,
in der alle Arten – siebzehn an der Zahl – das Fliegen aufgegeben haben und zurück ins Wasser gegangen sind. Die
Entscheidungsfrage zwischen dem Schwimmen unter Wasser und dem Fliegen in der Luft haben sie kompromisslos klar
beantwortet. Ihr Körper mit dem zwischen den Schultern
eingezogenen Kopf und den dicht anliegenden, schuppen-
artigen Federn gleicht einem Torpedo. Das direkt unter der
Haut liegende Fettpolster ebnet die Körperoberfläche in
Stromlinienform. Die Knochen sind nicht mehr leicht und
luftig, sondern massiv und schwer. Das hilft beim Abtauchen
und vermindert unter Wasser den störenden Auftrieb. Mit
den kleinen, muskulösen Flossenflügeln als Antrieb können
Pinguine Schwimmgeschwindigkeiten von über zwanzig
Stundenkilometern erreichen und in Tauchtiefen von bis zu
265 Metern vorstoßen. Selbst die bei Karikaturisten so beliebte »Frackfärbung« mit der gegen die dunkle Oberseite scharf

abgegrenzten hellen Unterseite steht ganz im Dienst des Wasserlebens. Wenn sie tauchend durchs Wasser »fliegen«, sind sie so von unter ihnen schwimmenden Tieren genauso schwer zu entdecken wie von über ihnen kreisenden Feinden. Die Fressfeinde erwachsener Pinguine finden sich im Meer. Mähnenrobben, Seeleoparden und Schwertwale stellen ihnen nach und schwimmen auch nicht schlechter als sie. Wahrscheinlich ist diese Bedrohung der Grund, weshalb Pinguine auch im Wasser meist in größeren Ansammlungen anzutreffen sind. Es ist für Robben und Wale ziemlich schwierig, in einem auf der Flucht delfinartig aus dem Wasser schießenden und wieder abtauchenden Pinguintrupp ein Opfer gezielt zu isolieren, um es zu greifen. Eine andere Ursache könnte in effektiveren Jagdtechniken zu suchen sein. Alle Pinguinarten fischen ihre Nahrung aus dem Meer. Sie jagen vor allem Fische wie Anchovis und Sardinen, Tintenfische oder zum Krill zählende Krustazeen. Was sie fressen, hängt zum einen von der eigenen Körpergröße ab, zum anderen von der Gegend, in der sie leben. Antarktische Arten wie die Kaiser-, Königs- oder Adeliepinguine ernähren sich vorrangig von Krill, während die am Äquator tauchenden Galapagospinguine nur kleinere Schwarmfische erbeuten. Auf Fische spezialisierte Pinguine jagen in größeren Verbänden von bis zu zweihundert Tieren, wobei sie ihre Positionen während des Fangs mit akustischen und optischen Signalen koordinieren. Was zumindest während der Jagd auf ein Sozialverhalten hindeutet, wie man es von Primaten und Hundeartigen kennt.

Bis zu siebzig Prozent ihrer Lebenszeit verbringen Pinguine schwimmend und Futter suchend auf See. Da sie aber Vögel geblieben sind, ihr Gefieder erneuern, sich paaren, Eier legen und Junge großziehen müssen, bleibt ihnen der Landgang nicht erspart. Damit beginnen Schwierigkeiten, die sie ganz unterschiedlich meistern. Die Probleme fangen schon mit dem Wetter an. Bei den unwirtlich arktischen Temperaturen sind sie gut gegen Kälte gewappnet, aber in der Sonne haben sie vor allem in ihren nördlicheren Verbreitungsgebieten ein Hitzeproblem. Am konsequentesten weichen dem die Zwergpinguine aus. Erst mit dem schwindenden Tageslicht tauchen sie aus den Wellen an den Küsten Südaustraliens und Neuseelands am Strand auf. In kleinen Gruppen von zwanzig bis vierzig Individuen anlandend, richten sie sich kurz auf, sichern die Lage und rasen dann – immer ein bisschen mit Kopfvorlage – über die freie Fläche in Richtung ihrer Nester. Zwergpinguine nisten in natürlichen Höhlen oder selbstangelegten Bauen in teilweise riesigen Kolonien von bis zu 100 000 Vögeln. Die Magellanpinguin-Kolonie von Punta Tombo in Südargentinien erreicht sogar 225 000 Paare.

Fast alle Pinguine brüten in Kolonien. Wobei der Begriff der Kolonie, im streng biologischen Sinn gebraucht, eine Ansammlung gleichartiger Lebewesen bezeichnet. Eine Pinguinkolonie grenzt sich als Ganze nicht gegenüber Fremden ab; man kann sich als Pinguin ihr jederzeit anschließen oder sie verlassen, um sich einer anderen anzuschließen. Das heißt allerdings nicht, dass ihre Mitglieder nicht individualisiert wären oder sich gleichgültig zueinander verhielten. Alle nestbauenden Pinguine betrachten ihre jeweiligen Nester als ihre eigenen Territorien, die sie manchmal sehr aggressiv erobern und verteidigen. Bei einigen Arten ist das Vorführen von Nistmaterial Teil der Werbezeremonie. So zeigen Eselspinguine den Weibchen ein Probexemplar der Kieselsteine, mit denen sie später die Nester umrahmen. Erstaunlicherweise

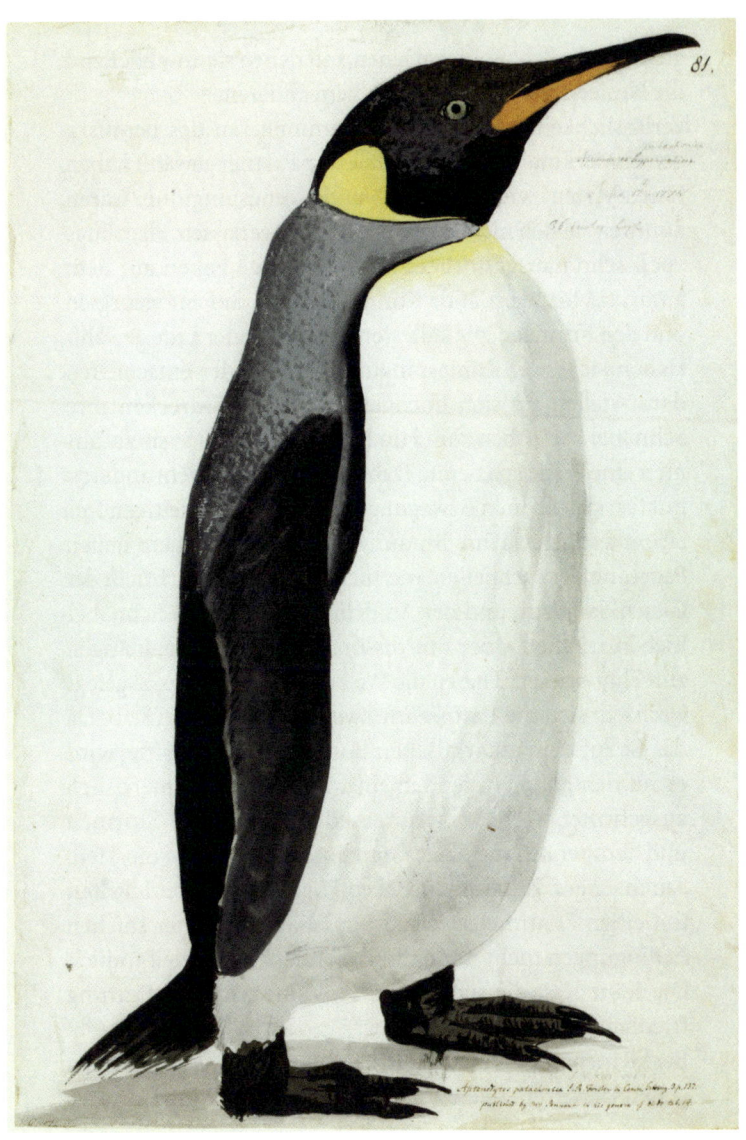

81.

Pinguine haben das Fliegen in der Luft aufgegeben, um an den kältesten Brutplätzen der Erde im kalten Wasser tauchend wendig zu sein.

gleichen die Schauobjekte jenen, mit denen sie anschließend die Nester bauen, wie ein Stein dem anderen.

Verlässlichkeit scheint unter Pinguinpaaren das herausragende Merkmal zu sein, wenn sie ihre Partner gewählt haben. Einige Arten, wie die Kaiser- und Königspinguine, wären, könnten sie sich nicht auf ihren Partner verlassen, allerdings auch schon ausgestorben. Kaiserpinguine haben auf dem antarktischen Festland, Königspinguine auf Südgeorgien und den Keguelen, die kältesten Brutplätze der Erde gewählt. Haben sich zwei Königspinguine füreinander entschieden, dann stellen sie sich hochgereckt auf und strecken ihre Schnäbel nach oben zum Himmel. Danach gehen sie zusammen eine Weile spazieren. Dabei folgt der eine dem anderen mit fast synchronen Bewegungen. Mit der gegenseitigen Imitation festigen sie ihre Bindung. Wenn sich so einem neuen Paar Singles anschließen, was nicht selten passiert, bricht der Gleichklang auf, und der Aufdringliche wird mit Schnabelhieben traktiert oder mit dissonanten Trompetenklängen zurechtgewiesen. Haben die Weibchen ihr einziges Ei gelegt, wechseln sich die Partner im Zweiwochenrhythmus ab. Da das Ei auf dem antarktischen Boden erfrieren würde, wird es auf den Füßen liegend in einer Brutfalte am Unterbauch ausgebrütet. Den Witterungsbedingungen mit Stürmen und Temperaturen von 25 Grad unter null trotzen die Tiere durch enges Zusammenrücken. Aggressive Streitigkeiten um einen Zentimeter »eigenes« Gebiet sind unter solchen Bedingungen nicht nur sinnlos, sondern potenziell tödlich. Die Kälte lässt die südlichsten Pinguine nach der Paarung friedlich werden.

Bei kleineren Arten wie Goldschopf- oder Zwergpinguinen gehen die Streitereien auch nach der Paarbildung und Eiablage unvermindert heftig weiter. Verfolgungsjagden mit Schnabelattacken über die Nester hinweg sind normal. Wohl auch deshalb ist das erste der beiden Eier der Goldschopfpinguine wesentlich kleiner als das zweite. Die Chance, dass es bei den Kämpfen zertreten wird, ist relativ groß.

Die Eier sind generell der wundeste Punkt einer Pinguinkolonie. Für Vögel wie Skuas und Seidenschnäbel sind sie genauso ein Leckerbissen wie für Menschen, die die Pinguineier auch wegen ihres durch die Krebsnahrung rot gefärbten Eigelbs schätzen. Nicht selten ist schon der Schlupf aus den harten Schalen für die Küken das Ende. Bis zu drei Tage kann es dauern, bis sie die Hülle von innen aufgebrochen haben. Werden die nach dem Kraftakt erschöpften Jungen danach nicht gleich gefüttert oder sind sie ungünstigem Wetter ausgesetzt, sind Verluste unausweichlich. Das erklärt die niedrige Aufzuchtrate in manchen Kolonien. Bei Königspinguinen kann sie in manchen Gegenden bei gerade mal sechs Prozent liegen. Sind deren Küken geschlüpft und über die ersten Tage gekommen, werden sie in »Kindergärten« eng aneinander gedrückt zusammengefasst. Während die Altvögel manchmal mehrere Wochen fernbleiben, um bei ausgedehnten Tauchgängen Nahrung zu suchen, zehren die Jungen von ihren Fettreserven. Wenn die Eltern in die Kolonie zurückkehren, erkennen sie ihr Junges in dem unübersichtlichen Wust aus graubraunen Daunenkleidern an der Stimme wieder. Der gesamte Brut- und Aufzuchtzyklus dauert bei Königspinguinen dreizehn Monate und hat zur Folge, dass sie nur alle zwei Jahre ein Küken großziehen.

Das ist auch für Pinguine ungewöhnlich lang. Zwergpinguine zum Beispiel benötigen nur neunzig Tage, um ihre Eier auszubrüten und die Jungen bis zur Schwimmfähigkeit zu füttern. In dieser Zeit sind sie nicht überall gern gesehen. Die in der Brutzeit immer zusammenbleibenden Paare nisten häufig unter den Holzfußböden von Häusern und sind vorzugsweise nachts geräuschvoll gesprächig. Ihre wenig harmonischen Gesänge erinnern an elektronische Klangexperimente der Rockmusik in ihrer psychedelischen Phase in den Siebzigerjahren. Sie dienen der Bekräftigung der Paarbindung oder führen versprengte Partner wieder zusammen. Dazu kommt, dass die Paarbildung bei Zwergpinguinen ein zwingendes Prinzip ist. Finden die Männchen keine Weibchen, tun sich zwei von ihnen zusammen und verrichten bis aufs Eierlegen dieselben Tätigkeiten wie heterosexuelle Paare. Der heute in Neuseeland lebende kanadische Verhaltensbiologe Joe Waas, der jahrelang Zwergpinguine in verschiedenen Gebieten beobachtete und mit ihnen tauchte, fand dabei einige bemerkenswerte Resultate. Demnach waren die gleichgeschlechtlichen Paare nicht nur aus der Not geboren. Nicht alle gaben ihre Bindung auf, wenn sich ein Partner des anderen Geschlechts anbot.

Spatz | *Passer domesticus*

Es war an einem schönen, wenn auch zu heißen Vorsommer-tag in der Goltzstraße in Berlin-Schöneberg, als ich einen männlichen Spatzen in einem runden Lüftungsloch in einer Häuserwand singen sah. Hinter ihm drang der Dampf warmer Luft aus dem Loch, und er hatte seine Federn so aufge-plustert, dass er eher wie eine weiche Kugel wirkte als wie ein nervöser Spatz. Dazu warb er mit hohen, aber sehr leisen »Tschi-tschiilit«-Lauten, die wenig von dem manchmal auch schrillen »Tschirp«-Rufen hatten, die Spatzen gewöhnlich und andauernd äußern. Die leisen Töne waren auch der Grund, warum man den Balzgesang eher sah als hörte.
Erstaunlich neben der werbenden Balz war auch der Platz seines Nestes. Er hatte es aus Gräsern und ein paar bunten Stofffäden in das Gestänge direkt unter einer Markise gebaut, die das Schaufenster eines Kleiderladens beschattete. Offen-sichtlich störte das Nest die Inhaber des Ladens nicht, sonst hätten sie es wohl entfernt. Womit man einen der Gründe be-nannt hat, warum sich Berlin, wenn es um Spatzen geht, nicht ins allgemeine Bild fügt. Während in Städten wie Hamburg, München oder Frankfurt am Main die Spatzenpopulationen in den letzten 25 Jahren um bis zu 75 Prozent zurückgegangen sind, sind sie in Berlin relativ stabil geblieben. In Berlin gibt es noch genügend Orte, die nicht unbedingt in glitzernder Sauberkeit glänzen müssen, auch wenn dort Geschäfte ge-macht werden. Auch der chronische Geldmangel der Stadt führt schon seit ewigen Zeiten dazu, dass Park-, Grünanlagen und Verkehrsinseln nicht auf die Art gepflegt werden, wie es etwa in München und Frankfurt üblich ist. Hier können

Gräser, Kräuter, Büsche und Bäume auf eine Weise wachsen, die verschiedensten Insekten und Vögeln genug Nahrung, Schutz und Aufenthaltsmöglichkeiten liefert.

So dramatisch der Rückgang der Spatzen in den letzten Jahren auch war – aus Metropolen wie London sind sie fast ganz verschwunden –, so unbemerkt blieb er über viele Jahre hinweg. Das hat auch mit der merkwürdigen Stellung zu tun, die Haus- und Feldsperlinge, um die es hier geht, in der allgemeinen Wahrnehmung einnehmen. Unwillkürlich werden sie in einem »Dazwischen« lokalisiert: Man lässt sie weder als »normale« Wildvögel noch als richtige Haustiere gelten. Der Haussperling, der das Haus schon in seinem wissenschaftlichen Namen *Passer domesticus* trägt, gilt dabei als der klassische Kulturfolger des Menschen überhaupt. Seit die Menschen Häuser bauen und Ackerbau betreiben, also seit der sogenannten neolithischen Revolution vor etwa zehntausend Jahren, lebt dieser Spatz in ihrer unmittelbaren Nähe. Das gilt auch für den Feldsperling, wissenschaftlich *Passer montanus*, der besonders in Asien an vielen Orten den Platz des hiesigen Hausspatzens einnimmt. Im Zusammenleben mit den sesshaft gewordenen Menschen haben sich die ursprünglich aus Eurasien kommenden Spatzen als so anpassungsfähig und erfinderisch erwiesen, dass sie heute mit Ausnahme unbesiedelter Polregionen den ganzen Erdball bewohnen. Auf dem amerikanischen Kontinent etwa war ihre Ausbreitungsgeschwindigkeit so rasend, dass von ihrem ersten Auftreten um 1850 bis zu ihrer Wahrnehmung als schädliche Pest zum Ende des 19. Jahrhunderts gerade einmal vierzig Jahre vergingen.

In der langen Geschichte der Verfolgung der Spatzen als Konkurrenten der Menschen, wenn es um die Ernte von

Weizen und anderen Pflanzengütern ging, wurde um 1890 in den USA den Hausspatzen der Krieg erklärt. Der *War against Sparrows* war zwar kein nationales Ereignis, aber lokal wurden die Versuche, die Spatzen völlig zu vernichten, mit Bitterkeit geführt. Letztlich ohne Erfolg, wie man in jedem Stadtpark von Kalifornien über Texas bis nach New York sehen kann.

Folgenlos blieb die Kampagne aber nicht. Noch im aktuellen *Field Guide to the Birds of North America* der National Geographic Society werden die Spatzen als sehr zahlreich und aggressiv beschrieben, als eine Art, die irgendwie nicht nach Amerika gehört. Dabei verdankte sich die rasend schnelle Ausbreitung der Spatzen über die ganze USA vor allem der Tatsache, dass sie mit ihrer Nähe zu menschlichen Häusern und Siedlungen in einen Raum eindrangen, der bis dahin nicht besetzt war. Sie verdrängten also niemanden, weder einheimische Vögel noch andere Tiere. Und die stetig steigenden Ernten in den USA waren ohnehin nicht ernsthaft bedroht.

Nur halfen Tatsachen nichts gegen die Erzählung vom Spatzen als Ernteschädling – die ihren bizarren Höhepunkt im maoistischen China erlebte. Mao hatte in der Zeit des »großen Sprungs nach vorn« vier Feinde in der Natur ausgemacht, nämlich Ratten, Moskitos, Fliegen und Spatzen. Damit begann, was als »Krieg gegen die vier Pesten« heute einer der bestdokumentierten Fehlschläge der neueren chinesischen Geschichte ist. Bereits 1959 erschien im *New Yorker* eine Kurzgeschichte von Han Suyin mit dem Titel *The Sparrow Shall Fall*. Suyin schildert darin drei Tage aus dem Jahr 1958 im Kampf gegen die Spatzen in Peking. Schon morgens standen Schüler und Arbeiter überall auf Straßen und Dächern und schlugen mit Rasseln Krach. Die Vögel sollten so am Ruhen und Rasten gehindert werden, bis sie vor Erschöpfung buchstäblich tot vom Himmel fielen. Lastwagenladungen toter Spatzen waren das Ergebnis.

Am Ende waren die Spatzen tatsächlich aus China verschwunden. Mit allerdings verheerenden Folgen: Im Jahr darauf kam es zu Insektenplagen und katastrophalen Ernteschäden, sodass die Regierung sich gezwungen sah, Spatzen aus der Sowjetunion zu importieren, um sie wieder anzusiedeln. Dass die Spatzen bereits vier Jahre später wieder in ganz China anzutreffen waren, spricht für ihre Fruchtbarkeit ebenso wie für ihre Regenerationsfähigkeit. In manchen Weltgegenden wie in Kenia nimmt ihre Verbreitung auch heute noch stetig zu. Von 1950, als die ersten Spatzen wahrscheinlich mit einem Schiff aus Südafrika nach Mombasa gelangten, bis heute haben sie das ganze Land besiedelt und sind gerade dabei, die Grenze zu Uganda zu überschreiten.

Der Niedergang ihrer Populationen in den entwickelten Großstädten war umso überraschender, als die Dokumentationen über die Ausbreitung der Spatzen und ihr dabei zu beobachtender Findungsreichtum, wenn es um Nahrungsquellen und Nistplätze ging, mit der sich entwickelnden Kognitionsforschung immer zahlreicher wurden. In Neuseeland zum Beispiel hatten Spatzen gelernt, die automatischen Türen einer Busstation zu öffnen, um in die Lagerräume eines darin sich befindenden Cafés zu kommen. Dazu sprangen die Spatzen auf die Sensoren und hielten ihren Kopf davor, bis die Tür aufging, oder sie flogen immer wieder so dicht am Sensor vorbei, bis derselbe Effekt eintrat. Nun aber kamen sie zum ersten Mal in ihrer Geschichte mit Veränderungen in ihrer menschengemachten Umwelt nicht zurecht. Auch

Spatzen wurden schon immer als gesellig dargestellt, und das ist ja wirklich auch ihr hervorstechendes Merkmal: Im Schwarm sind sie zu Hause.

wenn die Gründe dafür relativ schnell gefunden waren – in der nischenlosen Glasarchitektur, den sauber gefegten Einkaufspassagen der Innenstädte und der immer intensiver werdenden Landwirtschaft, die Tieren nicht mal mehr ein Korn, eine Kartoffel oder einen Strohhalm für den Wintervorrat nach der Ernte übrig lässt –, hält die Überraschung an. Denn leicht hatten es die Spatzen nie. Verfolgt wurden sie über die Jahrhunderte immer wieder, wenn auch mit unterschiedlichen Intensitäten. Auch mit radikalen Änderungen ihres Lebensraumes mussten sie schon immer fertig werden. Besorgte Vogelfreunde befürchteten ihren völligen Niedergang bereits mit dem Verschwinden der Pferde aus dem Verkehr der Großstädte. Pferdeäpfel, also der Kot der Pferde, mit den darin zu findenden unverdauten Samen und anderen Pflanzenresten gehörten lange Zeit zur Hauptnahrung städtischer Spatzen. Aber die Spatzen stellten sich bald um und lernten, von den Motorhauben und Glasscheiben der Autos die daran klebenden toten Insekten mit dem Schnabel abzukratzen. Die Liste dieser oft rasend schnellen Anpassungen ließe sich fortschreiben ebenso wie die der Plätze, an denen sie zu leben und ihre Nester zu bauen vermögen – von Glaslaternen über den Auspuff von verschrotteten Autos bis zu den Kanonenrohren alter Panzer. Spatzen nisten auf großen Containerschiffen, auf Messstationen in der Arktis und in walisischen Minen, wo sich in den 1970er-Jahren eine Population in über 600 Metern Tiefe ansiedelte.

Ihre Fortpflanzungsfreude ist einer der Gründe, warum sich die Spatzen unbeliebt gemacht haben. Denn auch wenn der eingangs erwähnte Berliner Spatz ganz allein sang, um einen Partner anzuwerben, die Regel ist die Alleinbalz bei diesen Vögeln nicht. In der Regel balzen sie in der Gruppe, und das sieht bei den ohnehin schon nervösen Vögeln ziemlich hektisch und regellos aus. Ein Vorgang, den man, wenn man ihn einmal beobachtet hat, kaum vergisst, weil er im andauernden Durcheinander alles erkennen lässt, nur keine geregelte Monogamie. Der griechischen Dichterin Sappho imponierte das so, dass sie in der Beschreibung dieser Paarungen die Geschlechtsbestimmungen gleich wegließ, obwohl die Geschlechter bei Spatzen äußerlich gut zu unterscheiden sind. Das Christentum warnte über die Jahrhunderte hinweg immer wieder vor der zügellosen Sexualität dieser Vögel.

Tatsächlich kann es ein Spatzenpaar in einem Jahr auf bis zu vier Bruten bringen. Wobei man den Begriff »Paar« am besten auf die gemeinsame Brut und Aufzucht der Jungen bezieht. Wie neuere Forschungen zu den Vaterschaftsbestimmungen bei Spatzen nahelegen, ist es eher selten, dass die Jungen eines Nestes nur einen Vater haben. Überhaupt kommen bei Spatzen alle denkbaren Kombinationen im Zusammenleben der Geschlechter und Individuen vor. Wirklich schwer haben es nur alleinerziehende Mütter, deren Partner lieber einer anderen bei der Aufzucht hilft als der Zweitfrau. Aber auch die wissen sich zu wehren. Wie eine Untersuchung an Spatzen in Spanien zeigen konnte, kommt es in solchen Verhältnissen nicht selten vor, dass die alleingelassene Spatzenfrau die Jungen der anderen tötet oder solange stört, bis der Spatzenmann ihr letztlich doch hilft. Zumindest für die Brut- und Aufzuchtzeit erscheint Monogamie in der Spatzenkolonie als angebracht.

Aber auch nur dann, denn Spatzen gehören zu den Vögeln, die dauerhaft das ganze Jahr über in hochkomplexen sozialen Gruppen leben. Wie sich in Experimenten zeigen ließ, lösen Spatzen Problemstellungen wie das Öffnen von verschlossenen Nahrungsquellen zu sechst wesentlich schneller und auch besser, als wenn sie nur zu zweit sind. Es scheint bei Spatzen so etwas wie einen sozialen Faktor zu geben, der mit einer gewissen Gruppengröße zusammenhängt. Gut funktionieren sie, wenn sie eine bestimmte Menge bilden, und das nicht nur in ihrer unmittelbaren Brut-, Futtersuch- oder Schlafgruppe, sondern auch in ihrer erweiterten Umgebung. Die jeweilig ideale Zahl ist schwer zu benennen und noch schwerer zu beweisen.

Es gibt für diesen Faktor, der, wenn er unterschritten wird, das Leben der Populationen zum Erliegen bringt, nur ein Beispiel in der Vogelwelt, nämlich die Anfang des 20. Jahrhunderts ausgestorbene amerikanische Wandertaube. Die Wandertauben, einst die wohl zahlreichste Vogelart überhaupt, starben aus, weil sie, durch hemmungslose Verfolgung stark dezimiert, zum Ende des 19. Jahrhunderts eine kritische Populationszahl unterschritten. Danach pflanzten sie sich einfach nicht mehr fort und ließen sich auch in Zoos nicht mehr züchten. Für die Spatzen könnte es einen ähnlichen Mechanismus geben. Das könnte etwa das fast vollständige Verschwinden der Vögel in den Parks von London erklären. Eine solche Annahme ist allerdings hochspekulativ – und sie möge sich bitte nicht bestätigen, denn dann sähe es wirklich finster für die Spatzen in den entwickelten Metropolen aus.

Stadttaube | *Columba livia domestica*

Zu den klassischen Taubenfreunden, die wie Henri Matisse, Pablo Picasso und Mike Tyson die Vögel geliebt und gehalten haben, sind in den letzten Jahren ein paar neue hinzugekommen wie die Wissenschaftstheoretikerin Donna Haraway, der Künstler und Philosoph Fahim Amir und die große schreibende Naturalistin der Stadt Esther Woolfson.

Verwunderlich ist das natürlich nicht. Denn wer kann schon dem in allen Städten gängigen Verbeugeruf, auf Englisch *bowing coo* oder *bow coo* genannt, der Stadttauben widerstehen? Zumindest, solange man Augen und Ohren hat. Dieses »Wang-wang-ruckuh«, das immer mit einer bestimmten Bewegungsfolge einhergeht, begleitet den Tag der Tauben so unverdrossen, wie sie zu jeder Tageszeit für jede Art von Nahrung, die sie vertragen, offen sind. Mit dem Senken des Kopfes und dem allen Taubenarten eigenen Vor-und-zurück-Zucken des Kopfes, das zu ihrem »normalen« Gehen gehört, werden die beiden »Wang-wang« geäußert, um dann mit dem Heben des Kopfes bis in die Horizontale das »Ruckuh« hinterherzuschieben. Der Verbeugeruf wird allgemein als Teil des aggressiven Beugegurrens verstanden, womit wir bei einem Missverständnis in Bezug auf das Leben der Tauben wären, das mit einer ihrer populärsten Symbolisierungen zu tun hat.

Denn wer Tauben einmal in ihren Ansammlungen in einem Park oder vor einem Bahnhof beobachtet hat, dem wird nicht entgangen sein, dass mindestens einer, meist ein federaufgeblähter Täuber mit dickem Hals, mit ebenjenem gebeugten Gurren schlankere Tauben vor sich her oder zur

Seite scheucht. Das Aggressionspotenzial unter den Tauben ist also hoch – und kaum in Einklang zu bringen mit dem Frieden, für den global besonders die weißen Zuchttauben stehen. Kulturkritisch könnte man daraus den Schluss ziehen, dass es kein Wunder ist, dass es mit dem Frieden nicht klappen will, wenn schon das Symbol dafür so schlecht gewählt ist. Auf der anderen Seite kann man aus den weißen Tauben auf den Plakaten und Bildern auch den Schluss ziehen, dass den Leuten ihre Symbole wenig bedeuten.

Was in den Städten seit ein paar Jahrzehnten den Tauben widerfährt, bezeichnen nicht nur radikale Tierschützer als Krieg. Auch die Administratoren städtischer Ordnungspolitiken scheuen sich nicht, vom »Krieg gegen die Tauben« zu sprechen. Dass Hygieneunternehmen, die »Mieten-um-zu töten« heißen, neben Spatzen auch Tauben zu jenem Ungeziefer zählen, vor dem zu schützen sie Haus- und Wohnungsbesitzern versprechen, ist kein Zufall. Aber – und das ist die gute Nachricht – die Tauben sind nicht allein, und ihr Widerstandspotenzial ist beträchtlich.

»Wer Tauben füttert, füttert Widerstand!«, proklamiert denn auch Fahim Amir in seiner klassenkämpferischen Flugschrift *Schwein und Zeit*. Amir geht in seinem Furor so weit, die Heere von älteren Damen, die sich, getragen von ihrer Altersweisheit und ihrer Freude am Vogelfüttern, von keiner städtischen Bußgeldliste das Taubenfüttern verbieten lassen, zu Guerilleristas im Kampf für eine bessere Welt zu erklären. Wie Fahim Amir überhaupt den Aktivisten im Kampf gegen den herrschenden Unsinn den Blick für die Widerstandspotenziale der Tiere im Klassenkampf öffnen will. Tauben spielen in diesem Kampf – neben etwa den Bibern, die gar nicht so selten die von ihnen in Ufernähe gefällten Bäume auf die dort parkenden menschenleeren Jachten krachen lassen – eine bedeutende Rolle. Unter anderem als Nahrung für fliegende Beutegreifer wie Habichte und Wanderfalken. Als wichtige Nahrungsgrundlage für andere landflüchtige Tiere sind Tauben ein Garant für die zunehmende Besiedlung der Städte mit wilden Tieren.

Leugnen lässt sich aber nicht, dass Stadttauben sich besonders in den Jahren nach dem Zweiten Weltkrieg unverhältnismäßig vermehrt haben. So gab es in Hamburg 1901 gerade einmal drei Brutpaare. In der Zeit von 1918 bis 1938 waren es konstant um die 3000 Taubenindividuen, die die Stadt bevölkerten, 1953 bereits 6000, und 1958 wurden die Bestände auf 15 000 bis 20 000 Tauben geschätzt. Eine Entwicklung, die sich mehr oder weniger ähnlich für alle europäischen Städte beschreiben lässt. Als Grund dafür werden in den Fachpublikationen vor allem das mit dem wachsenden Wohlstand einhergehende reichere Nahrungsangebot und das verstärkte Füttern der Vögel angegeben.

Wie dem auch sei, in Hamburg jedenfalls scheint das Wachstum der Taubenpopulation schon seit Längerem zum Stillstand gekommen zu sein. Im Oktober 2020 schätzte der »Verein Hamburger Stadttauben« ihre Zahl auf etwa 20 000. Der Verein der Stadttauben hatte aber einen besonderen Grund dafür, die Öffentlichkeit zu suchen. Die Hamburger Stadttauben litten im Herbst 2020 unter den Folgen der Corona-Pandemie. Um die tausend Tauben waren während des Lockdowns in der Stadt verhungert. Abgemagerte Tauben, die kaum noch auffliegen konnten, humpelten auf der Suche nach den ausgebliebenen Krümeln, die sonst so zahlreich von den Tischen der Außengastronomie abfallen, über die öffentlichen Plätze. Der schlechte Ruf der Vögel ebenso wie das Fütterverbot im öffentlichen Raum verhinderten, dass die den Deutschen für gewöhnlich unterstellte Tierliebe ihren Aufmerksamkeitsdienst tun konnte.

Die Taubenfreunde fordern deshalb, die Population in der Stadt durch die Errichtung von Taubenschlägen an für sie und Menschen verträglichen Orten langfristig zu binden, auch um sie so besser kontrollieren zu können. Für den Aufbau von öffentlichen Taubenschlägen an geeigneten Orten plädiert auch Donna Haraway in ihrem wunderbaren Buch *Unruhig bleiben. Die Verwandtschaft der Arten im Chthuluzän*. Sie hat für die Ermunterung der Tauben, in gewisser Entfernung von städtischen Bauwerken und Straßen zu schlafen, ein schönes Beispiel. Der 1990 im Melbourner Batman Park – angelegt entlang eines stillgelegten Betriebshofs für Güterzüge am Yarra River – errichtete Taubenschlag hatte es tatsächlich geschafft, die Tauben anzuziehen und die Taubenlage in der Innenstadt zu entspannen.

Mit Melbourne und dem Taubenschlag war Haraway aber auch mittendrin in der Kolonialgeschichte der Tauben. Denn Tauben sind, wie die Autorin schreibt, auch »Geschöpfe des Imperiums«. Das heißt: »Sie sind Tiere, die mit den europäischen Kolonisatoren und Eroberern über die ganze Welt ausschwärmten und damit auch an Orte gelangten, an denen sich andere ihrer Art bereits niedergelassen hatten. Dadurch wurden Ökologien und Politiken für alle und auf eine Art und Weise verändert, die sich nach wie vor in artenübergreifende Körperlichkeit und in umkämpfte Landschaften hinein verzweigt«, wie Haraway formuliert, um gar nicht erst den Verdacht aufkommen zu lassen, dass ökologischer Harmoniekitsch auch nur ein Problem zwischen Menschen und Tieren wird lösen können.

Stadttauben sind trotz ihrer farblichen Vielgestaltigkeit immer leicht
als Tauben zu erkennen. Kein anderer Vogel trägt seinen Kopf und Hals
so im zuckenden Vor-und-zurück-Modus.

Dabei kann es schon helfen, einen kurzen Blick auf die Geschichte von *Columba livia domestica*, wie die Straßentaube wissenschaftlich heißt, zu werfen. Bereits vor etwa 4500 Jahren v. Chr. im Vorderen Orient aus der Felsentaube *(Columba livia)* domestiziert, dauerte es bis in die römische Zeit im 2. Jahrhundert n. Chr., bis Domestica in Mitteleuropa ankam. Von da an führten die Tauben ein nie in den schrägen Blick der Gegenwart geratendes Leben als Fleischproduzenten, Brieftauben und mit der beginnenden Industrialisierung vor allem in Großbritannien und später im Ruhrgebiet als Freunde der freien Zeit der Arbeiterklasse.

Aus diesem schier unerschöpflichen Potenzial der arbeitenden Taubenzüchterverbände und -vereine schöpfte auch Charles Darwin. Dass Straßentauben die Hauptdarsteller seines revolutionären Hauptwerks *Über die Entstehung der Arten* werden konnten, hat einerseits mit der Kultur der Taubenzucht in England zu tun. Zum anderen lieferte das britische Kolonialreich ihm über den ganzen Erdball verstreute Briefpartner, mit denen er die Universalität der Mechanismen der »künstlichen Selektion«, der künstlichen Zuchtwahl, erörtern konnte.

Grundlage von Darwins Überlegungen blieben aber die neunzig Tauben aller damals verfügbaren Zuchtformen, die er in seinem Taubenschlag in Down House aufgezogen hatte und denen er viel Zeit und Energie widmete. Man spekuliert nicht zu weit, wenn man ihm, einem der größten Theoretiker des 19. Jahrhunderts, sehr viel praktisches Vergnügen bei der Beobachtung der Tauben unterstellt. Und mit der Beobachtung der in jeder größeren Siedlung möglichen Grundbewegungen der Tauben – dem Verbeugen, Gurren und Treiben – kann man ganz zeitlos auch heute noch daran teilhaben.

Star | *Sturnus vulgaris*

Der europäische Star *(Sturnus vulgaris)* ist der verdammte Vogel Nordamerikas. Als häufig, dreist und aggressiv beschreibt ihn der *Field Guide to the Birds of North America* der National Geographic Society und fügt hinzu, dass der Star oft siegreich aus dem Kampf um Nisthöhlen mit »einheimischen« Arten hervorgeht. Tatsächlich wimmelt es unter amerikanischen »Birdern« nur so von Geschichten, in denen die schönen, schwarzen Vögel mit den vielen kleinen weißen Flecken im Gefieder äußerst kampffreudig in den Vorgärten der Suburbs »amerikanischen« Vögeln wie dem Eastern Bluebird die Bruthöhlen wegnehmen. So genau die Beschreibungen auch sind, so falsch sind die Schlüsse, die aus ihnen gezogen werden. Denn in Langzeituntersuchungen ließen sich keine direkten Zusammenhänge zwischen dem Auftauchen der Stare und dem Niedergang der Populationen uramerikanischer Vögel finden. Was aber bleibt, ist die erstaunliche Erfolgsgeschichte der Stare in den USA.

Denn aus den achtzig aus Europa importierten Staren, die Eugen Schieffelin am 6. März 1890 in Käfigen in den New Yorker Central Park trug, ist heute eine Population von über 300 Millionen Staren geworden. Stare gehören damit zu den invasivsten Arten der Welt. Schieffelins Grund für die Aussetzung der Stare war ein kulturaler. Er gehörte zu einer Gruppe von Shakespeare-Lesern, die fanden, dass die Amerikaner neben den Texten auch die Vögel, die in ihnen vorkamen, hören können sollten. So wurde der Star, der einmal in *Heinrich IV.* auftritt, der wirkmächtigste Vogel Shakespeares und der Weltliteratur.

Ihre Fähigkeit zur feinen Koordination in großen Massenansammlungen, ihr synchrones Koloniebrüten in Höhlen sowie ihre ausgeprägte Anpassungsfähigkeit bei der Nahrungswahl und im Zugverhalten zählen zu den Gründen für ihre beispiellose Erfolgsgeschichte. Von Europa aus haben sie alle Kontinente besiedelt, sind vom Land in die Städte vorgedrungen und an manchen Orten von Zugvögeln zu Standvögeln geworden.

Die Stare von Rom sind mittlerweile zu einem Paradebeispiel der wissenschaftlichen Beschäftigung mit der Schwarmintelligenz geworden. Mit dem schwächer werdenden Tageslicht versammeln sich im Herbst und Winter an die fünf Millionen Stare an dafür geeigneten Plätzen in Rom. Beginnend mit ein paar hundert Vögeln werden es schnell Tausende, und sie bewegen sich in der Luft wie in Wolkenwellen. Dabei dehnt sich der Schwarm in Flugmanövern auseinander, als wolle er zerfallen, um sich im nächsten Moment wieder zusammenzuziehen.

Besonders spektakulär wird dieses Wellenreiten Tausender kleiner schwarzer Vögel, wenn sich dem Schwarm ein Falke nähert. Dann sieht man den größeren Falken in seinem Jagdflug auf den Schwarm zusausen und darin verschwinden, während sich die Starwolken um ihn immer dichter, fast zu einer Kugel schließen und den Greifvogel in ihrer Mitte verschwinden lassen. Wenn der Falke wieder herauskommt, wirkt er meist leicht verwirrt und ist in der Regel ohne Beute geblieben. Dem Falken gelingt es im Gewimmel der Tiere nicht mehr, sich auf einen einzigen Vogel als Angriffsziel zu konzentrieren. Er verliert die Übersicht und muss im sich um ihn schließenden Schwarm auch noch befürchten, sich in den Kollisionen mit den Vögeln zu verletzen.

Aber wie sind diese Schwarmwellen organisiert? Eine Arbeitsgruppe aus Biologen, Physikern und Computerwissenschaftlern um den italienischen Physiker Giorgio Parisi hat das Verhalten der Schwarmstare untersucht. Ausgehend von Filmbildern vom Schwarmflug der Vögel kam man zu überraschenden Ergebnissen. Was von unten, wenn man darunter steht, aussieht, als sei es von einer einzigen Choreografie gestaltet, entpuppt sich als ein von lokalen Kleingruppen gespeistes Informationssystem, wie es sich Kleingruppentheoretiker wie Fürst Kropotkin oder die Tierschwarmdenker Gilles Deleuze und Félix Guattari kaum besser hätten ausdenken können. Die Stare haben keine zentrale, übergeordnete Koordinations- und Entscheidungsinstanz in ihrem Schwarm. Die einzelnen Vögel haben immer nur sechs bis sieben andere Vögel sehr genau im Auge. Auf die konzentrieren sie sich und deren Bewegungen folgen sie, oder – und das ist wichtig – deren Bewegungen veranlassen sie selbst zum Bewegungs- oder Richtungswechsel. Was wie von einem Dirigenten koordiniert wirkt, ist das Zusammenspiel ultraschneller Selbstorgansition und Informationsübertragung. Grundprinzip der Selbstorganisation sind dabei die sechs oder sieben genau beobachteten Nachbarn, die Wissensübertragung erfolgt über das Verhalten und die Wissensvielfalt wird schließlich über die große Zahl hergestellt.

So wird auch die Reaktion auf den Falken nachvollziehbar. Ein paar Stare am Rand des Schwarms bemerken den Feind und teilen dies durch Bewegungen oder auch Rufe mit. Sehr schnell verbreitet sich das Wissen um den Feind über die kleinen Gruppen auf den Schwarm, und was dann zu tun ist, scheint das Ergebnis der Erfahrung mit den Gegnern in der Evolution zu sein.

Stare haben ihre neuen Lebensräume wie die Stadt nicht nur räumlich angenommen. Junge Stare beginnen bereits im Alter von drei Wochen mit Gesangsübungen. Sie können ihr ganzes Leben lang hinzulernen und ihre Gesänge um die unterschiedlichsten Töne erweitern. Stare nehmen nicht nur die arteigenen Laute zum Vorbild. Sie sind genauso empfänglich für Töne anderer Vogelarten wie Spatzen, Bussarde oder Krähen und ahmen auch Hundebellen, Katzenschnurren oder Froschlaute nach. In der Stadt werden sie außerdem zum Resonanzraum des Straßenverkehrs, indem sie die Geräusche anfahrender oder bremsender Autos, Polizeisirenen und Baustellenlärm imitieren. Solche Töne können zum akustischen Markenzeichen einer ganzen Schlafgemeinschaft werden. In großen Ansammlungen gleichen Stare ihre Gesänge einander an und formen auf diese Weise komplizierte Dialekte.

Über die gemeinsam benutzten Teile ihrer Gesänge – oft sind es bestimmte Pfeiflaute – erkennen sie sich als Angehörige derselben Kolonie. Für Stare ist der Gesang ein Gemeinschaftsereignis. In den Schwärmen »schwätzen« beide Geschlechter. Und die von allen gemeinsam geäußerten Töne fördern und bestärken vermutlich das Gefühl von Vertrautheit und Zusammengehörigkeit.

Der Gesang der Starenmännchen dient gleichzeitig auch der Paarbildung. Und da bieten die durch die Klimaerwärmung immer früher einsetzenden Vor-Frühlinge ein paar Vorteile. Die Bäume sind noch nicht mit Laub zugedeckt, sodass es möglich ist zu sehen, was passiert, auch in den hohen Ästen. Die männlichen Stare sitzen dann vor ihren Bruthöhlen, oft sind es Astlöcher, und stimmen ihre Lockgesänge an. Dabei sträuben sie immer wieder die Kehlfedern, richten den

Stare rattern und rätschen ihren knarrenden Sound immer und zu jeder Zeit an jedem Ort. Dabei ahmen sie auch gerne Hundebellen, Froschquaken oder Polizeisirenen nach.

Schnabel aufwärts, heben die Flügel leicht an und drücken den Schwanz runter an den Ast, auf dem sie sitzen. Das gibt ihnen zwischendurch ein buckliges Aussehen. Erheben sie sich wieder aus der buckligen Stellung, werden ihre Töne lauter und höher, und sie schlagen dazu zittrig mit den Flügeln oder lassen sie rotieren.

Wenn ein anderer Star, in der Regel ein Weibchen, vorbeikommt, hüpft der jeweilige Sänger immer sofort um den Eingang seines Astlochnestes, geht kurz rein, kommt wieder raus und singt weiter in seinem pausenlos knarzenden Sound. Manchmal hört sich das an, als ob die beiden zweistimmig zusammen singen. Das scheint aber nur so, denn auch wenn der oder die andere wieder weg ist, bleibt der Gesang zweistimmig. Das hat mit der »Natur« der Stimme zu tun: Starenmännchen können zweistimmig singen. Die Oberstimme, in der sie legato arteigene Motive aus hohen, grellen Trillern mit allen möglichen Imitationen verflechten, unterlegen sie in der Unterstimme staccato mit kurzen, ratternden Elementen. Wobei die Imitationen oft in kaum mit dem bloßen Ohr hörbarer Weise entweder als Zitate oder als rhythmische Marker in den Song eingebaut werden.

Die Weibchen wählen vorrangig denjenigen Star, der in dieser Vortragsform seine Konkurrenten an Variantenreichtum und Dauer übertrifft. Sie lassen sich offenbar nur von dem Gesang verführen; die Qualität der Bruthöhle scheint für sie nebensächlich zu sein. Was aber auch kein Wunder ist. Denn anders als Nachtigallen oder Amseln, die ihre Nahrung während der Aufzucht der Jungen fast ausschließlich in ihrem durch Gesang markierten Territorium finden, suchen Stare nicht nur in ihrem Revier nach Futter. Sie sind selbst im Frühjahr während der Paarbildung und Jungenaufzucht in der Stadt sehr beweglich, erhalten die Kommunikation innerhalb des Schwarms aufrecht und haben es gar nicht nötig, sich von ihren Artgenossen abzugrenzen, um ihrer Brut ausreichend Nahrung zu sichern.

In dem über das Jahr gesehenen kurzen Moment des Werbegesangs müssen sich die singenden Männchen aber von ihren Konkurrenten abgrenzen, um ihre je eigenen Qualitäten zu zeigen. Und da kann man sehr schön ein paar Eigenheiten des Balzgesangs hörend beobachten. Sehr auffällig ist dabei, dass man die sonst so klaren Imitationen der Sänger – wie ein Bussardwarnruf oder ein Autotürschlagen – nicht mehr erkennen kann. Die Sänger zerlegen im Balzgesang ihre Vorbildtöne und »durchlöchern« sie etwa mit gutturalem Trällern. Oder sie quieksen den Wohlklang einer Amselstrophe so zusammen, dass es wie eine klemmende Waschmaschine klingt. Auf jeden Fall kommt dabei nie eine nachgesungene Strophe irgendeines Vorbilds heraus; es wird immer ein vollkommen verfremdetes Ergebnis zu hören sein. Was allerdings passieren kann, ist, dass einem Sänger eine Passage seiner eigenen Schöpfung so gefällt, dass er sie über Minuten andauernd wiederholt, wie man es von hängenden Schallplatten kennt. Und diese Form ihres Eigensinns können Stare auch in unmittelbarer Nähe ihres Konkurrenten zeigen. Starenmännchen können sehr dicht nebeneinander vor den Höhlen sitzen – alte Spechtbauten, von Menschen aufgehängte Bruthilfen wie Vogelkästen oder einfach Aushöhlungen in alten Gemäuern –, ohne sich gegenseitig etwas zu tun oder sich zu vertreiben. Sie verteidigen nur die unmittelbare Umgebung ihrer Nesthöhle.

Das Hin und Her zwischen der paarweisen Aufzucht der Brut und der Nahrungssuche im Schwarm könnte einer der Gründe sein, weshalb Stare ihre Lebensbereiche auch akustisch in ihren Stimmen spiegeln. Die durch die Aufnahme fremder Töne gesteigerte Variabilität ihres Gesangs verschafft ihnen einerseits Vorteile bei der Paarbildung, andererseits bieten die in den Schwarmgesang überführten neuen Töne die Chance einer unverwechselbaren lokalen Identität und damit schnelle Erkennbarkeit der Zugehörigkeit. Das heißt, die Vögel eines Stadtteils, sagen wir Berlin-Neukölln, erkennen sich auch in den großen Winterschwärmen in Kreuzberg oder am Berliner Dom wieder und werden auf der anderen Seite auch als solche von denen aus Charlottenburg identifiziert, ohne dass daraus allerdings so etwas wie Lokalpatriotismus folgen würde. Der ist Vögeln generell fremd.

Vögel bestimmen –
nach Zeichnungen oder Fotos?

Die Zeichnung von Tieren ist in manchen Zusammenhängen wissenschaftlich immer noch genauer als moderne Aufzeichnungsmittel wie Fotografien oder filmische Darstellungen. Genauer sind Zeichnungen immer dann, wenn es um die Kennzeichnung der äußerlichen Eigenschaften einer Art zum Zwecke der Klassifizierung und Wiedererkennung in der unüberschaubaren Artenvielfalt geht, wie es in Bestimmungsbüchern der Fall ist.

Das zurzeit avancierteste Projekt der Beschreibung aller Arten einer Klasse im Tierreich, das von der eigens zu diesem Zweck gegründeten Lynx Edicions in Barcelona herausgegebene *Handbook of the Birds of the World,* arbeitet deshalb mit Fotografien und Zeichnungen. Fotografien werden im *Handbook* immer dann eingesetzt, wenn es um die Veranschaulichung bestimmter Verhaltensweisen geht, die im Zusammenhang mit der Balz, der Jungenaufzucht, der Futtersuche oder in der Auseinandersetzung mit dem Lebensraum auftreten. Die Tafeln aber, auf denen die Vögel einer Familie wie die Flamingos oder die Spatzen der alten Welt gezeigt werden, sind stets von Künstlern gezeichnet. Das hat seinen Grund in der Tatsache, dass die Arten selber imaginär sind. Nach Charles Darwins bis heute die Welt auch der Biologen erschütternder Formulierung gibt es keine Arten, sondern nur Individuen, die in verschieden ausgeprägter Stärke untereinander variieren. Der Artbegriff ist in Darwins Konzept nichts als eine Abstraktion, eine real nicht gegebene statistische Durchschnittsmenge von Tieren einer bestimmten

Form. Die Zeichnung ist deshalb immer noch der adäquate Ausdruck der Darstellung einer Art wie zum Beispiel der Stockente. Während ein Foto nämlich nur ein bestimmtes Individuum abbildet, dem, weil die Individuen immer differieren, gerade eines der Artmerkmale der männlichen Stockente wie die nach oben gebogenen kleinen schwarzen Federn am Schwanz fehlt, kann die Zeichnung den Vogel komponieren. Die Unbrauchbarkeit vieler neuerer Bestimmungsbücher, die allein auf Fotos setzen und auf Zeichnungen verzichten, hat hierin ihre Ursache. In der Zeichnung ist es möglich, in der abgebildeten Ente die charakteristischen Merkmale der Art zu vereinen.

Das schließt natürlich nicht aus, dass der Zeichner eines Artporträts auch Fotos als Vorlage benutzen kann. Nur genügen Fotos allein nicht. Für eine brauchbares Artporträt muss der Zeichner die Variationsbreite der Erscheinung des Tieres aus eigener Anschauung kennen. Er muss ein Gespür dafür bekommen, wie die Farben und der Körper des Vogels in seiner Umgebung im wirklichen Licht erscheinen können, um die allgemeinen Merkmale herauszufiltern. Das setzt Verhaltensstudien im Freiland voraus und schließt das Studium ausgestopfter Bälger ein. Die anatomischen Proportionen lassen sich am besten am reglos vor einem liegenden Tier studieren, die Farbspiele in der Bewegung müssen dann allerdings noch hinzuimaginiert werden. Das macht eine gelungene Tierzeichnung so kompliziert wie zeit- und arbeitsaufwendig und damit teuer.

Der kanadische Tierzeichner Robert Bateman beschreibt diesen Prozess in historischer Perspektive in der Einführung zum dritten Band des *Handbook of the Birds of the World*, in dem unter anderem Möwen und Seeschwalben behandelt werden. Seeschwalben können dabei als die Objekte gelten, an denen sich der Beginn einer malerischen Neuorientierung im Umgang mit wilden Tieren zeigen lässt. Der Maler der Seeschwalben ist John James Audubon, der 1785 in Les Cayes auf Haiti geboren wurde und 1851 in New York starb. Audubons Seeschwalben befinden sich alle im Sturzflug mit dem Kopf nach unten; oft haben sie dabei den Schnabel geöffnet. Gemalt hat Audubon die Seeschwalben vor einem monochronen graublauen Himmel, so als wollte er jede Ablenkung von der Lebensäußerung, die die Seeschwalbe genuin ausmacht, vermeiden. Dabei bildete er die im Flug stürzenden Vögel in Orginalgröße ab. Die Orginalgröße gehörte zu Audubons Konzept und macht sein zwischen 1827 und 1837 herausgegebenes und von ihm illustriertes Buch *Birds of America* zu einem der bis dahin größten der Welt: Es war mehr als einen Meter hoch und ein Erfolg, der heute immer noch nicht an sein Ende gekommen ist. Vollständige Exemplare der wahrscheinlich nur in einer Auflage von 200 erschienenen *Birds of America* erreichen auf Kunstauktionen Preisdimensionen eines Tizian-Gemäldes und Nachdrucke im kleineren Format Bestsellerauflagen.

Aber trotz des »*Double Elephant Folio*«-Formats – mit dieser Bezeichnung ging das Buch in die Geschichte ein – gab es für Audubon auch Probleme. Auf einem seiner bekanntesten Bilder trägt der Rosa Flamingo, auf einer Klippe stehend, seinen Hals merkwürdig nach unten zu den Füßen gekrümmt. Selbst ein ein Meter hohes Blatt reichte nicht aus, *Phoenicopterus ruber* aufrecht stehend ins Bild zu setzen. Außerdem hat wahrscheinlich noch nie jemand einen so in gesättigtem Rosarot erscheinenden Flamingo gesehen. So genau und treffsicher Audubons Seeschwalben sind, so überhöht und verbogen ist der rosaroteste Flamingo aller Zeiten. Die Dramatisierung der Natur gehörte zu Audubons Prinzipien und ließ ihn manchmal ungenau werden.

Über einem Nest der Rotrücken-Spottdrossel *(Toxostoma rufum)* fauchen sich eine Schlange und zwei Drosseln an, eine dritte hackt auf die Schlange ein, und die vierte ist schon tot. Aus der Augenhöhle eines Kaninchens, das ein Goldadler *(Aquila chrysaetos)* in den Klauen trägt, quillt Blut. Dabei hängt der Adler mit angelegten Flügeln und klagend offenem Schnabel erstaunlich schlecht gelaunt in der Luft. »*Flying footballs*« meinten Kritiker in Audubons Adlern erkennen zu können.» »Vögel sind sein Gegenstand, aber sein Thema ist die Natur – wild, grandios, vielfältig und unendlich schön«, fasst der Kunsthistoriker E. P. Richardson in *Painting in America* Audubons Leidenschaft zusammen. In der wilden Natur sieht man Audubon auf der Tafel seines Goldadlers mit Kaninchen im Hintergrund auf einem umgestürzten Baumstamm eine Schlucht überquerend. Audubon hat als einer der ersten 1832 im von Moskitos und Sümpfen beherrschten Florida die Vogelwelt studiert und den hohen Norden des amerikanischen Kontinents besucht. Die noch unentdeckte Vogelwelt Amerikas wollte er ins Bild bannen, und es war ihm klar, dass er das nur über die Beobachtung am lebenden Tier nach der Natur schaffen konnte. Das macht den Unterschied zur starren Tierdarstellung in den vorangegangenen Jahrhunderten aus, und es ist bei allen Unterschieden das Moment, in dem man ihn mit seinem deutschen Zeitgenossen Johann Friedrich Naumann vergleichen kann.

Schon die Lebensdaten Naumanns machen den Unterschied zu Audubon deutlich: Naumann wurde 1780 in Ziebigk bei Köthen in Sachsen-Anhalt geboren und starb eben am selben Ort 1857. Was bei Audubon rastlose Nomadenexistenz war, ist bei Naumann flachländische Sesshaftigkeit. Der Titel eines Buches seines Vaters, Johann Andreas Naumann, aus dem Jahr 1791 kann als Credo auch von Johann Friedrich gelten: *Der philosophische Bauer oder Anleitung, die Natur durch Beobachtung und Versuche zu erforschen.* Wobei der Gegenstand der Forschung Johann Friedrichs die Vogelwelt Mitteleuropas war und sein Ehrgeiz dahin ging, sie so vollständig wie möglich abzubilden. Seine *Naturgeschichte der Vögel Mitteleuropas* erschien 1822 in einer Auflage von 600 Exemplaren. Wie Audubon war auch Naumann klar, dass eine genaue Abbildung nur auf Beobachtungen an lebenden Tieren in der freien Wildbahn erfolgen kann. Vögel, die er nicht in natura gesehen hatte, ließ er lieber ganz weg, anstatt sie nach alten Bildvorlagen zu kopieren.

Naumanns Darstellungen sind deshalb oft wie die Audubons szenisch. Auch sein Goldadler, der bei uns auch Steinadler heißt, trägt ein Kaninchen in den Greiffüßen. Nur tut er das sehr sachlich. Bei Naumann fehlen die manchmal schon psychedelisch-hysterisch zu nennenden Farb- und Landschaftsmomente aus Audubons Bildern. Naumann legte genauso viel Wert auf die Genauigkeit der Umgebung wie auf die Vögel selbst. Zudem arbeitete er in einem kleineren Format: im Oktav. Arnulf Conradi, der Audubon und Naumann in seinem in der Reihe *Kleine Philosophie der Passionen* 1998 erschienenen Vogelbuch einer vergleichenden Untersuchung unterzog, sieht im Oktavformat einen der Gründe dafür, dass Naumann heute anders als Audubon fast vollständig vergessen ist. Auch um die Erinnerung an Naumanns Hauptwerk *Die Vögel Mitteleuropas* aufzufrischen, übernahm Conradi die Aufgabe, als Herausgeber eine Auswahl zusammenzustellen; sie erschien 2009. Conradi ist als begeisterter Vogelbeobachter seit Kindheitstagen und Sammler auch der Stiche Naumanns dafür prädestiniert. Anders als bei Audubon sind die meisten der Exemplare der Ausgabe von 1822 auseinandergeschnitten worden, um die Blätter einzeln verkaufen zu können. Das gesamte Werk, das Naumann 1844 nach fünfundzwanzigjähriger Arbeit abschloss, gibt es nur noch in einigen Museen unter Glas oder im Privatbesitz im klimatisierten Safe.

Als Vogelbeobachter weiß Conradi, wie notwendig nach der Natur gezeichnete Bestimmungsbücher sind, um sich als Anfänger oder Profi in der Vogelwelt zurechtzufinden. Und auch wenn Audubon und Naumann ihre Bilder nicht standardisiert gezeichnet haben, wie in den auf sie im 20. Jahrhundert folgenden *Field Guides*, sind sie doch die Begründer nicht nur der Ornithologie, sondern auch die Wegbereiter für jene Abbildungsform, die es möglich machte, dass Vögel heute weit über die Wissenschaften hinaus zu den beliebtesten Beobachtungsobjekten in der Natur zählen.

Die Vogelzeichnungen Audubons und Naumanns haben sozusagen zwei bildgeschichtliche Ausgänge. Ihre szenischen Kompositionen sind heute in die Tierfotografie und in den Tierfilm abgewandert. Nur in Ausnahmefällen, wie etwa bei der Künstlerin Anita Albus, werden die szenischen Darstellungen auch in der Zeichnung und Malerei weitergeführt. Die wissenschaftlich-künstlerische Zeichnung zum Zweck der Artbestimmung und wiedererkennenden Orientierung in der Natur aber droht dem Kostendruck zum Opfer zu fallen und durch – mehr oder weniger gelungene – Fotos ersetzt zu werden.

Wanderfalke | *Falco peregrinus*

Zuerst hatte man im Herbst nur einem Schauspiel zuge-schaut. In dunklen Wolkenwellen, mal aufschlagend, dann nach unten abbrechend, genauso schnell in die Breite sich ausdehnend wie sich wieder zu einem engen Trichter zu-sammenziehend schwappte ein Starenschwarm durch die Luft. Die pulsierenden Flugbewegungen erinnerten an eine gigantische Amöbe. Stare beobachten im Schwarm die anderen sehr genau und reagieren äußerst schnell auf die Flugbewegungen bestimmter Vögel. Die meist nachmittags zu beobachtenden Schwarmflüge haben neben dem Einüben notwendiger Synchronisationen in der großen Ansammlung auch spielerische Komponenten, die keinem anderen Zweck dienen als der Lust.

Da aber jedes tierische Spiel immer mit dem Einbruch des Ernstes rechnen muss, bedeutet »Spiel« in diesem Zusam-menhang nicht, dass die Vögel selbstverliebt unaufmerksam sind. Wie schnell das notwendig werden kann, konnte man nach ein paar Minuten ungestörten Schwarmflugs gut se-hen. Es hatte sich nämlich ein schwarzer Punkt, erst normal fliegend, dann immer schneller werdend, auf den Schwarm zubewegt. Als der Punkt, fast schon rasend schnell, auf den Schwarm prallte, hatte der einen ausweichenden Halbmond um den Angreifer gebildet und ihn mit einer unfassbar schnellen und flüssigen Bewegung in einer schwarzen Kugel eingeschlossen. Bis er unten oder an der Seite aus dem bieg-samen Schwarmkörper wieder herausfiel beziehungsweise -flog. Dass es dabei zu Kollisionen gekommen sein musste, davon zeugten die vielen kleinen schwarzen Federn, die um den als Wanderfalken erkennbaren Angreifer herumschwirrten, als der sich in einem Baum niedergelassen hatte, um den Kopf und das Gefieder zu schütteln.

Aus dem siebten Stock eines freistehenden Hochhauses in der Nähe des Berliner Alexanderplatzes beobachtet, war das nicht nur ein grandioses »Naturschauspiel«. Es kamen hier auch Momente einer veränderten »Natur« zusammen, die zumindest wenig mit den immer noch in Bestimmungsbüchern zu findenden Lebensraumbeschreibungen von Wanderfalken zu tun haben.

Die seit 1986 ununterbrochen am Alexanderplatz nistenden Wanderfalkenpaare sind mit ihrer Ortswahl bestimmt nicht allein. Städte sind für die bis dahin als scheu beschriebenen Felsenbrüter seit den 1970 er-Jahren, als die Besiedlung New Yorks in nennenswerter Zahl und Dauer durch die Falken begann, beliebte Nist- und Aufenthaltsorte. Neu waren dabei aber nicht nur die Orte, wobei sich Hochhäuser als genauso taugliche Nist- und Jagdplätze erwiesen, wie es vorher Felsen und Schluchten in abgelegenen Gegenden waren. Neu waren auch die Vögel selbst. Die entstammten nämlich zumindest in den Metropolen der entwickelten Welt wie in Amerika und hierzulande jüngsten Zucht- und Wiederauswilderungsanstrengungen. Ein Prozess, in dem neben Brutmaschinen, künstlicher Besamung und hochtechnisch unterstützten Aufzuchtmethoden vieles zum Einsatz kam, was heute üblich ist, in den Siebzigern aber nicht der Natur zugerechnet wurde.

Helen Macdonald erzählt in ihrer Monografie *Falke* die Geschichte des Niedergangs der Wanderfalkenpopulationen und ihrer beispiellos erfolgreichen Wiederansiedlung. Den Grund für den Niedergang wie den Wiederaufstieg des

Wanderfalken haben zwar ihre ursprünglichen Felsenlandschaften gegen Hochhäuser oder Fabrik-, Fernseh- oder Rathaustürme einge-tauscht, ihre Jagdtechniken gegenüber Tauben, Möwen oder Staren aber haben sich erhalten.

Falken findet sie in der Symbolkraft, die der Vogel für die Menschen immer hatte, sei es als Herrschaftstier oder als Verkörperung elementarer Eleganz und Geschwindigkeit. Es war nämlich so, dass »Laien«, also Hobbyornithologen, schon in den 1950er-Jahren zahlreiche Berichte über das Verschwinden der Falken veröffentlicht hatten, die nur nie in der professionellen Wissenschaft ankamen, weil der Vogel an der Spitze der Nahrungskette als »unverwundbare Spezies« galt. »Die altbekannte romantische Sichtweise, wonach der Falke die ›Verkörperung wahrer Majestät‹ sei, wurde nunmehr wissenschaftlich untermauert«, resümiert Macdonald diese Episode des Versagens der institutionellen Wissenschaft vor der Wirklichkeit ihrer Gegenstände.

Einer der klassischen Texte des *Nature Writing*, J. A. Bakers *Der Wanderfalke* aus dem Jahr 1967, verdankt seine Entstehung dieser Situation. Baker wollte in der besten Tradition des Genres das Leben einer spezifischen Natur begleiten und beschreiben, bevor sie endgültig ausgestorben war. Das ganze Buch, das in Tagebuchform das Leben eines Wanderfalken an einem geheim gehaltenen Ort verfolgt, steht dabei unter dem melancholischen Verdikt des baldigen Verschwindens der Vögel. Und tatsächlich gibt es die hier beschriebene Form der Wanderfalken heute nicht mehr. Bakers Buch ist aber nicht nur ein hochliterarisches Porträt eines der letzten Vertreter der ersten Population einer Art. Es kann auch als klassisches Beispiel für ein »Tier-Werden« gelesen werden. Dabei handelt es sich um ein Konzept, das die Philosophen Gilles Deleuze und Félix Guattari zuerst 1975 in ihrem Buch *Kafka. Für eine kleine Literatur* entwickelten. Den beiden war aufgefallen, dass fast alle Erzählungen Kafkas Tiererzählungen waren, die nichts mit dem klassischen Konzept der Fabel zu tun hatten. Tiere waren hier nicht versteckte Menschen, sondern zuerst sie selbst, und was Kafka auszeichnete, war die sozusagen zeitgenössische Anteilnahme an ihren in der Moderne veränderten Lebenssituationen.

Und Baker schrieb eines der schönsten literarischen Beispiele für diese Form des Werdens überhaupt, das hier – in der deutschen Übersetzung von Andreas Jandl und Frank Sievers – auch wegen seiner Schönheit zitiert werden soll. Unter dem Datumseintrag 6. März notiert Baker:

»Gegen zwei Uhr hatte ich alle für den Wanderfalken üblichen Sitzplätze abgesucht, ohne ihn zu finden. So stellte ich mich nahe dem nördlichen Obstgarten aufs Feld, schloss die Augen und versuchte, meinen Willen in das lichtdurchstrahlte Prisma des Falkengeistes zu kristallisieren. Warm beschienen und fest geerdet im langen sonnenduftigen Gras, versank ich in des Falken Haut und Blut und Knochen. Meine Füße zweigten in den Boden aus, auf meinen Lidern lag die Sonne schwer und warm. Genau wie der Falke hörte und hasste ich die Geräusche des Menschen, das gesichtslose Grauen der steinernen Orte. Ich erstickte panisch im selben dreckigen Sack. Ich teilte die Sehnsucht des Jägers nach Heimat in der Wildnis, die sonst niemand kennt, unter dem gleichgültigen Himmel allein mit dem Anblick und Geruch der Beute. Ich spürte die Anziehung des Nordens, das Geheimnis und Faszinosum der Zugmöwen. Ich teilte das sonderbare Verlangen des Falken zu verschwinden. Ich sank nieder und fiel in einen federleichten Schlaf. Dann weckte ich ihn mit meinem Erwachen.«

Und weil die Falken der zweiten Population gelernt haben, mit den Geräuschen der Menschen und den steinernen Orten zu leben, lässt sich Helen Macdonalds Geschichte der

Wanderfalken trotz der trüben Episoden als Antidepressivum lesen. Was damit zu tun hat, dass die Vögel mittlerweile von der Liste der bedrohten Tierarten gestrichen werden konnten. Aber auch mit Macdonalds Schilderung des Weges zur Rettung.

Die aus Beobachtungen von Laien und Schriftstellerinnen geronnenen Proteste führten am Ende zum Verbot von Agrochemikalien wie DDT, deren Einsatz für das Verschwinden der Vögel wesentlich verantwortlich war. Und die Vögel selbst suchten sich in den Hochhausschluchten der Städte neue Lebensräume und passten ihre Jagdtechniken schnell der neuen Umwelt an.

Zaunkönig | *Troglodytes troglodytes*

Wenn es in den mitteleuropäischen Breiten im Winter sehr kalt wird, wird es für Lebewesen auf zwei oder mehr Beinen schwierig, die normalen Körperfunktionen im Gleichgewicht zu halten. Die niedrigen Temperaturen entziehen dem Körper ständig Wärme, die nur mit erheblichem Aufwand wieder zugeführt werden kann. Da empfiehlt es sich, sparsam mit seinen Kräften umzugehen, also spät aufzustehen und früh schlafen zu gehen. Trotzdem war vor ein paar Jahren in einem Eiswinter abends gegen zehn Uhr im Gustav-Mahler-Park in Berlin-Steglitz – der Tümpel in der Mitte der Anlage war bis auf den Grund zugefroren – deutlich ein Gesang zu hören, dessen Triller, in schmetternden Touren vorgetragen, den ganzen Park beschallten. Und das war wirklich irritierend. Denn dass jemand um diese Jahreszeit und so spät, fast in der Nacht, noch die Kraft zum Singen hatte, einer energetisch aufwendigen und zudem im tiefen Winter scheinbar völlig nutzlosen Tätigkeit, war nicht zu erwarten. Aber vielleicht hat der Zaunkönig, als der der Sänger identifiziert werden konnte, ja ganz in der Nähe ein Schlupfloch zu einem Dachboden gefunden, in dem er sich neben einem Schornstein aufwärmen und in Ruhe schlafen konnte. Was als ein gutes Zeichen für den nächsten Frühling gewertet werden kann.

Zaunkönige zählen nämlich zu jenen Arten kleiner Vögel, in deren Populationen in fast allen Gebieten Europas in extremen Kälteperioden viele Tiere zugrunde gehen. Als sogenannte Teilzieher spalten sie sich in solche Individuen auf, die im Winter in ihren Brutgebieten bleiben, und andere, die bis nach Ägypten fliegen. Wobei die allgemeine Klimaerwärmung immer mehr Vögel dazu verführt, gleich da zu bleiben, wo sie aufgewachsen sind. In kalten Wintern kann ihnen das zum Verhängnis werden. Da nützt es auch wenig, dass sich Zaunkönige in der Kälte, im Gegensatz zu ihren sonstigen Gewohnheiten, in Baum- oder Steinhöhlen zu Schlafgemeinschaften von bis zu zwanzig Tieren zusammenfinden. Um allein der andauernden Kälte zu trotzen, sind sie einfach zu klein. Zaunkönige zählen zu den kleinsten und kürzesten Vögeln hierzulande, wobei die kugelige Gestalt mit dem sehr kurzen, sehr oft aufrecht getragenen Schwanz zum unverwechselbaren Habitus der Gruppe der Familie der Zaunkönige geworden ist. Und der kurze Schwanz hat es in sich, ist er doch ein unübersehbarer Anzeiger der Erregungszustände der Vögel. Ein zittrig wippender Zaunkönigschwanz kann von Erstaunen über Furcht bis zu übermütiger Angriffslust so ziemlich alles ausdrücken und ist richtig nur im Kontext etwa einer anrückenden Katze zu lesen.

Ihre Größe hindert Zaunkönige aber nicht daran, ihre Gesänge zu den lautesten unter denen der europäischen Vögel hochzupeitschen. Robert Hughes hat die Verwunderung über dieses Proportionsgefälle in ein schönes Gedicht mit ebendem Titel *Zaunkönig* gepackt: »Schimpfend, frech und kühn / aus dem Gestrüpp, / nicht weit / vom felsigen Ufer / des stürzenden Bachs / kommt der Gesang. / Staunen muss man immer, / wenn sein Lied erklingt, / dass so was Kleines / so laut singt!«

Wie Zaunkönige dies schaffen, weiß man nicht. Man weiß aber, dass sie generell eher zur Geschäftigkeit neigen. So sind ihre Lieder tatsächlich fast das ganze Jahr über zu hören. Ihre höchste Intensität und Heftigkeit erreichen sie allerdings

Zaunkönige wirken, wenn man sie sieht, immer leicht nervös. Und
das hat mit dem jede Stimmung begleitenden Wippen ihres kurzen
Schwanzes zu tun.

von März bis Juni. Nach der Theorie besetzen die Männchen in dieser Zeit ihre Territorien. Es wird aber auch diskutiert, dass der Wintergesang die Funktion haben könnte, ein gutes Territorium das ganze Jahr als besetzt anzuzeigen, um Übernahmen von umherziehenden anderen Zaunkönigen zu verhindern. Aber wie dem auch sei: Im Frühjahr beginnen männliche Zaunkönige neben dem Gesang damit, aus Halmen und Blättern kunstvolle Nester zu flechten. In manchen Fällen bis zu zwölf Stück in verschiedensten Fertigkeitsgraden, vom Rohbau bis zur rundum verschlossenen Kugel mit einem Seiteneingang.

Der weitreichende Gesang der Männchen ist nur die Ouvertüre zum eigentlichen Werberitual. Der Gesang zeigt dem Weibchen an, wo ein Männchen sitzt. Fliegt es darauf in sein Gebiet, wird das Männchen zuerst einmal leiser. Dann stellt es sich vor sein Nest und lädt das Weibchen nachdrücklich zur Besichtigung ein. Dabei lässt der kleine Mann seine Flügel schlaff hängen, und sein Lied schmilzt auf einen monotonen, lang gezogenen Triller zusammen. Ob es zur Paarung kommt, hängt einzig davon ab, ob dem Weibchen das Nest gefällt. Da kann es natürlich nützlich sein, wenn der Werbende mehrere anbieten kann. Den Innenausbau des Nestes sowie die Brut und die Aufzucht der Jungen wird er dafür meistens ihr allein überlassen. Weil die Weibchen weder partner- noch reviertreu sind, wird er auch nach der ersten Paarung weiterhin jedes vorbeikommende Weibchen anbalzen und zur Brut locken wollen. Zu mehreren Partnerinnen in einer Saison bringt er es aber nur dann, wenn sein Revier auch danach ist. Das heißt, wenn es ausreichend Nahrung für die Aufzucht nicht nur einer, sondern mehrerer Bruten liefern kann.

Bleibt immer noch die Frage, warum ein so kleiner Vogel ausgerechnet König heißt. Die Geschichte hinter dem Namen ist alt, und wenn sie hier erzählt wird, geschieht das nicht aus Zuneigung zu ihrem Autor. Denn die Fabel stammt von Äsop, und die »Äsop-ierung der Naturgeschichte« ist mir genauso ein Gräuel wie dem Erfinder dieses Begriffs, dem Anthropologen und Naturgeschichtstheoretiker Gregory Bateson. Bateson verstand unter der »Äsop-ierung der Natur« die Verwandlung der Naturgeschichte in Unterhaltung – in einen Prozess, in dem die Naturgeschichte nicht einmal mehr ein Vorwand ist, sich mit realen Geschöpfen zu befassen, sondern ihre Gegenstände in einer Reihe von »mehr oder weniger sardonischen, mehr oder weniger moralischen und mehr oder weniger amüsanten Geschichten« serviert.

Jedenfalls kam der Zaunkönig laut Äsop zu seinem Namen, weil die Vögel beschlossen hatten, denjenigen zum König zu machen, der am höchsten fliegen könne. Und wie in solchen Geschichten nichts anders zu erwarten, gewann den Wettbewerb ein Adler. Es war nur so, dass sich im Gefieder des Adlers ein Zaunkönig versteckt hatte, der, als der Adler wieder absinken musste, sich aus dem Gefieder erhob und verkündete, dass er nun der König sei. Die Wahl wurde daraufhin für ungültig erklärt und der Zaunkönig in ein Mauseloch gesperrt. Eine gar nicht mal so abwegige Strafe, da es tatsächlich Zaunkönigsformen gibt, die in von anderen gegrabenen Erdlöchern ihre Nester suchen.

Der Name des Königs aber blieb am Zaunkönig haften, auch weil Aristoteles, der ein besonderes Ohr für die Gesänge von Singvögeln hatte, ihn als König bezeichnete und in seiner an Genauigkeit der Beschreibungen herausragenden Naturgeschichte verewigte.

Bibliografie

Agamben, Giorgio: *Die Sprache und der Tod.* Frankfurt am Main 2007.

Albus, Anita: *Von seltenen Vögeln.* Frankfurt am Main 2005.

Amir, Fahim: *Schwein und Zeit. Tiere, Politik, Revolte.* Hamburg 2018.

Äsop: *Fabeln.* Stuttgart 2005.

Audubon, John James: *Birds of America.* London 2012.

Baker, J. A. : *Der Wanderfalke.* Berlin 2014.

Bateson, Gregory: *Geist und Natur. Eine notwendige Einheit.* Frankfurt am Main 1987.

Baudelaire, Charles: *Sämtliche Werke in acht Bänden.* München, Wien 1977.

Benn, Gottfried: *Gesammelte Werke in vier Bänden.* Wiesbaden, München 1978.

Berthold, Peter, **Mohr,** Gabriele: *Vögel füttern – aber richtig.* Stuttgart 2006.

Beston, Henry: *Das Haus am Rand der Welt. Ein Jahr am großen Strand von Cape Cod.* Hamburg 2018.

Burke, Janine: *Nest. Kunstwerke der Natur.* München 2017.

Catchpole, C. K. , **Slater,** P. J. B. : *Bird Song. Biological Themes and Variations.* Cambridge 1995.

Celan, Paul: *Sprachgitter.* Frankfurt am Main 1959.

Chance, Edgar: *The Cuckoo's Secret.* London 1922.

Coleridge, Samuel Taylor: *Der alte Seefahrer.* Frankfurt am Main 1968.

Conradi, Arnulf: *Vögel* (Kleine Philosophie der Passionen). München 1998.

Darwin, Charles: *Der Ursprung der Arten.* Stuttgart 2018.

Darwin, Charles: *Die Abstammung des Menschen.* Stuttgart 2002.

Dath, Dietmar: *Dreizehn Möglichkeiten, eine Amsel zu ignorieren. Erzählung.* In: Jungle World, Nr. 51 (2000).

Davies, N. B.: *Cuckoos, Cowbirds and other Cheats.* London 2000.

Deleuze, Gilles, **Guattari,** Félix: *Kafka. Für eine kleine Literatur.* Frankfurt am Main 1976.

Deleuze, Gilles, **Guattari,** Félix: *Was ist Philosophie?* Frankfurt am Main 1996.

Despret, Vinciane: *Was würden Tiere sagen, würden wir die richtigen Fragen stellen?* Münster 2019.

Dickinson, Emily: *Sämtliche Gedichte.* München 2015.

Fabre, Jean-Henri: *Die Luft.* Berlin 2020.

Gernhardt, Robert: *In Zungen reden. Stimmenimitationen von Gott bis Jandl.* Frankfurt am Main 2000.

Goetz, Rainald: *Klage.* Frankfurt am Main 2008.

Handbook of the Birds of the World. Hrsg. v. Josep del Hoyo u.a. Barcelona 1992–2016.

Haraway, Donna: *Unruhig bleiben. Die Verwandtschaft der Arten im Chthuluzän.* Frankfurt am Main 2018.

Henrich, Dieter: *Hegel im Kontext.* Berlin 2010.

von Humboldt, Alexander: *Tierleben.* Berlin 2019.

Kelly, Laura, **Endler,** John: *Illusions Promote Mating Success in Great Bowerbirds.* In: Science, Vol. 335 (2012).

Lawrence, D. E.: *Etruskische Orte.* Berlin 1999.

Lorenz, Konrad: *Gesammelte Abhandlungen I und II.* München 1965.

Luxemburg, Rosa: *Briefe aus dem Gefängnis.* Köln 2017.

Macdonald, Helen: *Falke. Biografie eines Räubers.* München 2017.

Marler, Peter, **Slabbekoorn,** Hans: *Nature's Music. The Science of Birdsong.* San Diego 2004.

Menninghaus, Winfried: *Das Versprechen der Schönheit.* Frankfurt am Main 2007.

Michelet, Jules: *Der Vogel.* Nördlingen 1986.

Bildquellenverzeichnis

Naumann, Johann Friedrich: *Naturgeschichte der Vögel Mitteleuropas. Eine Auswahl.* Hrsg. v. Arnulf Conradi. Frankfurt am Main 2009.

National Geographic Field Guide to the Birds of North America. Hrsg. v. Jonathan Alderfer, Jon L. Dunn. 7. Aufl. Washington, D.C., 2017.

Nettelbeck, Petra und Uwe: *Die Republik.* Nr. 98–102/12. Dezember 1999.

Pratt, Ambrose: *Menura. Prächtiger Vogel Leierschwanz.* Berlin 2011.

Reichholf, Josef H. : *Der Ursprung der Schönheit. Darwins größtes Dilemma.* München 2011.

Riechelmann, Cord: *Wilde Tiere in der Großstadt.* Berlin 2004.

Rilke, Rainer Maria: *Gedichte in einem Band.* Frankfurt am Main 1986.

Sappho: *Griechisch und Deutsch* (Sammlung Tusculum). Berlin 2014.

Sarasin, Philipp: *Darwin und Foucault.* Frankfurt am Main 2009.

Shakespeare, William: *Heinrich IV.* Stuttgart 2013.

Stevens, Wallace: *Teile einer Welt. Ausgewählte Gedichte.* Salzburg, Wien 2014.

Tiessen, Heinz: *Musik der Natur. Über den Gesang der Vögel, insbesondere über Tonsprache und Form des Amselgesanges.* Freiburg i. Br. 1953.

Tjernshaugen, Andreas: *Das verborgene Leben der Meisen.* Berlin 2017.

Woolf, Virginia: *Zwischen den Akten.* Frankfurt am Main 1999.

Woolfson, Esther: *Field Notes From a Hidden City. An Urban Nature Diary.* London 2013.

Younghusband, Francis: *The Epic of Mount Everest.* New York 1926.

Zahavi, Amotz, **Zahavi,** Avishag: *Signale der Verständigung. Das Handicap-Prinzip.* Frankfurt am Main 1998.

Zink Yi, David: *Alrededor del dosel / Umgehen der Baumkronen.* Installation. Bremen 2004.

S. 13 akg-images / bilwissedition

S. 17 Science Photo Library / akg-images

S. 23, 87 akg-images / Florilegius

S. 31, 59, 103, 115 mauritius-images / Memento

S. 41 PicturePast / stock.adobe.com

S. 47, 95, 131 akg-images / Liszt Collection

S. 51, 73, 108 /109, 123, 137, 149, 155 INTERFOTO / Mary Evans / Natural History Museum

S. 67 mauritius-images / Photo 12 / Alamy

Umschlagabbildungen: Images taken from »5000 Animals«
(Agile Rabbit Editions. 2006), published by The Pepin Press,
www.pepinpress.com

Bibliographisches Institut GmbH,
Mecklenburgische Straße 53, 14197 Berlin

Autor: Cord Riechelmann
Redaktion: Iris Glahn
Lektorat: Rainer Wieland
Herstellung: Maike Häßler
Umschlaggestaltung,
Layout und Satz: Hanna Zeckau
Druck und Bindung: CPI books GmbH,
Birkstraße 10, 25917 Leck
Printed in Germany

ISBN 978-3-411-71054-6
www.duden.de

PEFC zertifiziert

Dieses Produkt stammt aus nachhaltig
bewirtschafteten Wäldern und kontrollierten
Quellen.

www.pefc.de

PEFC/04-31-3011